Juan Raro

Olaf Stapledon

UN RELATA ENTRE SERIO Y JOCOSO.

1

JUAN Y EL AUTOR

Cuando le dije a Juan que me proponía escribir su biografía, se rió.

—¡Hombre! —dijo—. Aunque, por supuesto, era inevitable.

En labios de Juan la palabra hombre equivalía con frecuencia a tonto.

—Bueno —protesté—. Un gato puede mirar a un rey [1].

—Sí —respondió—. Pero ¿de veras puede ver al rey? ¿Puedes tú, michino, verme realmente?

¡Y así le hablaba un niño a un hombre maduro!

Juan tenía razón. Aunque yo lo conocía desde hacía años, y tenía cierta intimidad con él, no sabía casi nada del verdadero Juan, del Juan interior. Aun hoy poco sé, aparte de los sorprendentes actos de su carrera. Sé que no caminó hasta los seis años, que antes de los diez había cometido varios robos y dado muerte a un policía; que a los dieciocho, cuando aparentaba doce, había fundado su absurda colonia en los mares del Sur, y que a los veintitrés, apenas alterado su aspecto, derrotó las seis naves de guerra que seis grandes potencias enviaron para capturarlo. Sé también cómo murieron Juan y sus compañeros. Conozco, sí, estos hechos; y aun a riesgo de ser eliminado por una u otra de las seis grandes potencias, diré al mundo todo lo que pueda recordar.

Sé todavía algo más. Será difícil explicarlo. Sé, de un modo confuso, por qué fundó su colonia. Aunque consagró a esa tarea toda su energía, nunca esperó seriamente tener éxito. Estaba convencido de que tarde o temprano el mundo lo descubriría y destruiría su obra.

—Nuestras posibilidades —dijo una vez— no llegan a una en un millón. Luego se echó a reír.

La risa de Juan era curiosamente turbadora. Era una risa grave, seca y rápida. Me recordaba ese preludio de chasquidos susurrantes que a veces precede al poderoso estallido del trueno. Pero no seguía ningún trueno, sino un silencio repentino y, para su auditorio, una rara comezón en el cuero cabelludo.

Creo que esta risa inhumana, despiadada, pero nunca maliciosa, encerraba la clave del carácter de Juan. Una y otra vez me pregunté por qué se reía precisamente en ese momento, de qué se reía con exactitud, qué significaba en verdad su risa, y si ese extraño ruido era una risa o alguna reacción emocional incomprensible para los de nuestra especie. ¿Por qué, por ejemplo, reía Juan entre sus lágrimas cuando, de niño, volcó una tetera y se quemó de gravedad? No asistí a su muerte, pero aseguraría que al llegar el fin su último aliento se consumió en una alegre risa. ¿Por qué?

No puedo contestar a esas preguntas y no comprendo por lo tanto al Juan esencial. Su risa, estoy convencido, surgía de alguna forma de experiencia desconocida para mí. Soy pues, como Juan afirmaba, un biógrafo muy incompetente. Pero si guardo silencio, los hechos de esa vida única caerán en el olvido. A pesar de mi incompetencia, trataré de relatarlo todo, en la esperanza de que, si estas páginas caen en manos de algunos seres de la estatura de Juan, puedan ver gracias a ellas, con los ojos de la imaginación, su extraño, pero glorioso espíritu.

Es probable al menos, que aparezcan otros de su especie, o aproximadamente de su especie. Pero, como Juan descubrió, la gran mayoría de estos rarísimos seres supernormales, a quienes él mismo llamaba a veces «despiertos», son tan delicados físicamente o tan desequilibrados mentalmente que no suelen dejar huellas importantes en el mundo. El informe del Sr. J. B. Beresford sobre el infortunado Victor Stott revela qué patéticamente unilateral puede ser el desarrollo de estas criaturas. Espero que el breve relato que sigue sugerirá por lo menos la presencia de un espíritu más sorprendentemente «sobrehumano» y, a la vez, de una mayor humanidad.

Para que el lector vea en él algo más que un prodigio intelectual, trataré de dar una idea de su aspecto en su vigésimo tercero y último verano.

Tenía mucho más de muchacho que de hombre, aunque en algunos estados de ánimo su rostro asumía una expresión curiosamente reflexiva, y hasta patriarcal. Delgado, de miembros largos, y con ese aspecto inacabado y torpe que caracteriza la adolescencia, poseía sin embargo, una acabada gracia propia. Era, en verdad, para quienes llegaban a conocerlo, de una belleza siempre renovada, aunque los extraños sentían con frecuencia cierto desagrado ante sus desusadas proporciones. Decían que parecía una araña, con aquel cuerpo tan insignificante, aquellos brazos y piernas tan largos y delgados, aquella cabeza toda ojos, toda frente.

Ahora que he expuesto estas características, no concibo cómo podían crear una impresión de belleza. Pero así ocurría con Juan, por lo menos para quienes lo miraban sin prejuicios derivados de dioses griegos o de actores de cine. Con su característica falta de falsa modestia, Juan me dijo una vez:

—Mi aspecto es un buen test para la gente. Si no empiezan a verme hermoso cuando aún tienen la posibilidad de aprender algo nuevo, sé que están interiormente muertos, y que son peligrosos.

Pero debo completar la descripción. Como sus compañeros de la colonia, Juan solía andar desnudo. Su virilidad no había madurado a pesar de su edad. La piel, quemada por el sol de la Polinesia, era de un castaño grisáceo, casi verdoso, con un tono más cálido en las mejillas. Tenía unas manos extremadamente largas y nerviosas. De algún modo parecían más maduras que el resto del cuerpo. La comparación con una araña era apropiada también en este sentido. Su cabeza era en verdad de gran tamaño, pero comparada con las largas extremidades no parecía desproporcionada. Evidentemente, el extraordinario desarrollo de su cerebro dependía de la cantidad de las circunvoluciones y no del mero volumen. Sin embargo, el cráneo de Juan era mayor de lo que parecía, pues el cabello —una especie de gorro apretado— se reducía a unas motas de lana del tipo negroide, aunque casi blancas. La nariz era pequeña pero ancha, más bien mongólica. Los labios, grandes y bien dibujados, se movían continuamente, como en un apresurado comentario de pensamientos y sentimientos. Muchas veces, sin embargo, vi que se endurecían en una obstinación de granito. Los ojos de Juan eran, de acuerdo con las normas comunes, excesivamente grandes para su cara, que adquiría así una rara expresión de halcón o de gato, acentuada por las cejas bajas y rectas, aunque borrada a menudo por una sonrisa pueril y hasta pícara. El blanco de los ojos apenas se veía, a causa de las pupilas inmensas. Los iris verdes eran comúnmente simples filamentos. Al sol del trópico, las pupilas se estrechaban hasta convertirse casi en cabezas de alfiler. Los ojos de Juan eran sin duda su atributo más extraño. Sin embargo, su mirada no tenía esa expresión misteriosamente compulsiva anotada en el caso de Victor Stott. O, más bien, para sentir la magia de esos ojos, era necesario conocer en cierto modo el formidable espíritu que los animaba.

2

PRIMERA ÉPOCA

El padre de Juan, Tomás Wainwright, creía con razón que en su sangre se mezclaban españoles y moros. Había en él algo de latino, hasta quizás de árabe. Todos reconocían que era un hombre inteligente, aunque con algunas rarezas. Muchos lo consideraban un fracasado. La práctica de la medicina en un suburbio de la región norteña no permitía, por otra parte, un mayor lucimiento.

Varias curas notables le dieron cierta fama, pero no tenía el tipo del médico de cabecera, y sus pacientes no le otorgaron nunca esa confianza tan necesaria para triunfar en la profesión.

Su mujer, tan rara como él, aunque de otra especie, era de origen sueco. Entre sus antepasados se contaban lapones y finlandeses. Era una rubia corpulenta, perezosa, de aspecto escandinavo, que aún en su madurez atraía a los hombres. Esa atracción me convirtió en el amigo joven del doctor y más tarde en el esclavo del brillantísimo hijo. Algunos decían que era «sólo una magnífica hembra», y tan estúpida que podía considerársela anormal. La verdad es que la conversación con ella era tan unilateral como la conversación con una vaca. Sin embargo, no era tonta. Su casa estaba siempre bien arreglada aunque no parecía dedicarle la menor atención. Con la misma distraída habilidad manejaba a su difícil marido. Tomás la llamaba «Pax». «Es tan pacífica», explicaba. Sus hijos también la llamaban así. Al padre, invariablemente, «doctor». Los dos mayores, la chica y el varón, sonreían ante la ignorancia de su madre, pero se apoyaban en sus consejos. Juan, el menor de los tres hermanos, nos dio a entender, en cierta ocasión, que todos la habíamos juzgado mal. Alguien comentó el extraordinario mutismo de Pax. Surgió la desconcertante risa de Juan, quien dijo:

—Nadie comparte los intereses de Pax, por eso ella no habla.

El nacimiento de Juan había sometido al gran animal materno a una dura prueba. Lo llevó en las entrañas durante once meses, hasta que los médicos decidieron que había que auxiliarla. Con todo, cuando el niño salió a la luz tenía el grotesco aspecto de un feto de siete meses. Con gran dificultad se lo mantuvo en una incubadora, y sólo un año después se consideró que este vientre artificial no era ya necesario.

Vi frecuentemente a Juan durante su primer año ya que entre su padre y yo, a pesar de mi juventud, había nacido una curiosa intimidad basada en intereses intelectuales comunes y quizás, en parte, en una compartida admiración por Pax.

Recuerdo mi sensación de disgusto cuando vi por vez primera eso que llamaban Juan. Me pareció imposible que esa masa de carne inerte y pulposa pudiera transformarse alguna vez en un ser humano. Era una especie de fruto obsceno, más vegetal que animal, y su única actividad consistía en unos espasmos incongruentes y ocasionales.

Al año, no obstante, Juan parecía un recién nacido normal, aunque con los ojos cerrados. A los dieciocho meses los abrió, y fue como si una ciudad dormida hubiese comenzado de pronto a vivir. Eran ojos extraordinarios para un bebé, ojos vistos bajo un vidrio de aumento. La enorme pupila evocaba la boca de una caverna, y el iris era apenas un círculo verde esmeralda. ¡De qué modo la vida puede animar dos negros agujeros! Poco después que el niño abriera los ojos, Pax comenzó a llamarlo «Juan Raro». Daba a las palabras una entonación particular y sutil que, aunque apenas variara, expresaba una sencilla disculpa cariñosa por la rareza de la criatura, y a veces también desafío, triunfo y hasta terror. El adjetivo no se separó de Juan en toda su vida.

En adelante Juan fue definitivamente una persona, y una persona bien despierta, por cierto. Su actividad y su interés crecieron semana a semana. Tenía los ojos, las orejas y los miembros continuamente ocupados.

Durante los años siguientes el cuerpo de Juan se desarrolló precariamente, pero sin serios tropiezos. Tenía siempre dificultades con la alimentación. Sin embargo, cuando cumplió los tres años era un chico bastante saludable, aunque singular, y aparentemente muy atrasado. Este atraso desesperaba a Tomás. Pax, por su parte, insistía en que la mayoría de los niños crece con demasiada rapidez.

—No dejan que la mente se les desarrolle como corresponde —declaraba. Pero el desgraciado padre sacudía la cabeza.

Cuando Juan entró en su quinto año de vida, yo lo veía casi todas las mañanas al pasar por la casa de los Wainwright rumbo a la estación. Solía estar en su cochecito, en el jardín, moviendo brazos y piernas, y dando gritos. El estrépito, pensaba yo, tenía una curiosa cualidad. Difería indescriptiblemente de la vocalización de un bebé común, así como la llamada de un mono difiere de los de otra especie. Era un balbuceo rico y sutil, con raras modulaciones y variaciones. Casi no podía creerse que proviniera de un niño atrasado de cuatro años. Su conducta y aspecto eran los de un inteligente bebé de seis meses. Parecía demasiado despierto para llamarlo atrasado, y demasiado atrasado para su edad. La vivacidad y penetración de aquellos ojos eran en verdad algo prodigioso. Pero sus desmañados esfuerzos para manipular los juguetes implicaban también una voluntad superior a sus años. No manejaba bien los dedos, pero la mente parecía asignarles, ya, tareas inteligentes y precisas. El fracaso de los dedos lo descorazonaba.

Juan era ciertamente inteligente. Todos estamos de acuerdo ahora en ese punto. Sin embargo, no parecía inclinado a gatear o hablar. Y un día, de pronto, mucho antes de intentar dar un paso, empezó a hablar. Un martes balbuceaba como siempre. El miércoles estaba excepcionalmente tranquilo, y pareció comprender, por primera vez, las palabras de su madre. La mañana del jueves sorprendió a la familia diciendo muy lentamente, pero con toda corrección:

—Quiero leche.

A la tarde le dijo a alguien que ya no le interesaba:

—Vete-No-me-gustas-mucho.

Estos resultados lingüísticos no se parecían sin duda a las primeras frases de una criatura normal.

El viernes y el sábado los dedicó Juan a una cuidadosa conversación con sus encantados progenitores. El martes siguiente, una semana después de su primer intento, hablaba mucho más correctamente que su hermano de siete años, y las palabras habían dejado de ser para él una novedad. Ya no eran un arte nuevo, y se habían convertido simplemente en un medio útil de comunicación que sería desarrollado y perfeccionado cuando nuevas esferas de experiencia exigieran expresión.

Ahora que Juan podía hablar, sus padres se enteraron de algunos hechos sorprendentes. Juan podía, por ejemplo, recordar su nacimiento, y que inmediatamente después de aquella dolorosa crisis, cuando lo separaron de su madre, tuvo que aprender realmente a respirar. Se lo había mantenido vivo por medios artificiales antes que despertaran en él los reflejos respiratorios, y gracias a esta experiencia había descubierto cómo gobernar sus pulmones. Con un desesperado y prolongado esfuerzo de voluntad hizo arrancar, por decirlo así, la máquina, hasta que al fin el motor se encendió y se puso en marcha espontáneamente. Parecía que el corazón estaba también bajo el dominio de su voluntad. Algunas tempranas «molestias cardiacas», muy alarmantes para sus padres, no habían sido más que interferencias voluntarias de una naturaleza por demás osada. También sus reflejos emocionales dependían mucho más de su mente que en el resto de los hombres. Así, por ejemplo, si en una situación que provocaba su ira Juan no deseaba sentirse enojado, podía, con toda facilidad, inhibir sus reflejos. Y si en cambio la ira le parecía deseable, la sacaba de la nada. Era, en verdad, Juan Raro.

Unos nueve meses después de aprender a hablar, alguien le regaló un ábaco. El resto de ese día no habló ni se rió, y rechazó las comidas con impaciencia. Había descubierto las intrincadas delicias de los números. Hora tras hora efectuó con el nuevo juguete toda clase de operaciones. Luego lo hizo a un lado, repentinamente, y quedó tendido de espaldas mirando el techo.

La madre pensó que la fatiga lo había vencido. Le habló. Juan no reparó en su madre. Pax, con suavidad, le sacudió un brazo. No hubo respuesta.

—¡Juan! —gritó alarmada, y lo sacudió más violentamente.

—Cállate, Pax —contestó Juan—. Estoy ocupado con los números. Luego, después de una pausa:

—Pax, ¿cómo se llaman los números después de doce? —Pax contó hasta veinte, y luego hasta treinta—. Eres tan estúpida como ese ábaco, Pax.

Cuando la madre le preguntó por qué, Juan comprendió que no tenía palabras para explicárselo, pero después de indicarle con el ábaco diversas operaciones, y de que Pax se las nombrara, dijo lenta y triunfalmente:

—Eres estúpida, querida Pax, pues tú y el ábaco cuentan por dieces y no por doces. Y eso es idiota, porque los doces tienen «cuatros» y «treses», quiero decir «tercios», y los «dieces» no.

Cuando Pax le explicó que todos los hombres contaban por decenas porque en un principio habían recurrido a sus cinco dedos, Juan la miró fijamente y luego estalló en aquella risa crepitante y victoriosa. Enseguida dijo:

—Entonces todos los hombres son estúpidos.

Creo que éste fue el primer descubrimiento que hizo Juan de la estupidez del

Homo Sapiens. Pero no el último.

Tomás estaba alborozado por el talento matemático de Juan, y quería informar del caso a la Sociedad Psicológica Británica. Pax se mostró en cambio inesperadamente decidida a «mantener todo en secreto por el momento».

—No quiero que hagan experimentos con el niño —insistió—. Muy probablemente lo molestarán. Y de cualquier modo será un alboroto inútil.

Tomás y yo nos reímos de sus temores, pero Pax ganó la batalla.

Juan tenía ahora casi cinco años, y el aspecto de un niño de pecho. No podía, o no quería, gatear. Sus piernas eran aún las de un bebé. Probablemente la marcha fue detenida por la matemática, ya que durante algunos meses no quiso ocuparse de otra cosa que los números y las propiedades del espacio. Pasaba horas en su cochecito, en el jardín, haciendo «aritmética mental», y «geometría mental», sin mover un músculo, sin emitir un sonido. No era aquél, sin duda, un ejercicio adecuado para una criatura en crecimiento, y Juan empezó a debilitarse. Sin embargo, nada pudo inducirlo a llevar una vida más normal y activa.

Los visitantes no podían creer que pasase todas aquellas horas mentalmente ocupado. Estaba pálido y «ausente». La gente imaginaba un estado de coma o que el niño era un idiota. Juan a veces se dignaba confundirlos con unas pocas palabras.

Juan atacó la geometría comenzando por interesarse en la caja de cubos de su hermano y en los arabescos de las paredes. Vino luego una época en que cortaba el queso y el jabón en planchas, cubos, conos y hasta esferas y ovoides. Al principio manejaba con torpeza el cuchillo, se cortaba los dedos y apenaba a su madre. Pero bastaron unos días para que adquiriese una sorprendente destreza. Aunque tardaba en emprender una nueva actividad, una vez decidido sus progresos eran fantásticos. El próximo paso fue usar los instrumentos de geometría de su hermana. Pasó una semana fascinado cubriendo innumerables hojas.

De pronto, perdió todo interés en la geometría visual. Se pasaba el día echado de espaldas, meditando. Una mañana apareció preocupado por un problema que era incapaz de enunciar. Pax no pudo sacar nada en claro de los esfuerzos de Juan, pero el padre le ayudó a enriquecer su vocabulario y el niño al fin preguntó:

—¿Por qué hay sólo tres dimensiones? ¿Cuando crezca encontraré otras? Algunas semanas después una nueva pregunta nos sorprendió todavía más:

—Si se sigue en línea recta siempre hacia delante, y más y más, ¿hasta dónde hay que llegar para volver al punto de partida?

Reímos y Pax exclamó:

—¡Juan Raro!

Era a principios de 1915. Tomás recordó algo acerca de una «Teoría de la relatividad» que estaba trastornando las viejas nociones de la geometría. Tanto le impresionaron esta curiosa pregunta de Juan y otras semejantes que insistió en traer a un matemático de la universidad para que hablara con la criatura.

Pax protestó. Pero ni aun ella previó el desastroso resultado.

El visitante estuvo primero condescendiente, luego entusiasmado, más tarde azorado; después, con evidente alivio, otra vez condescendiente, y por fin muy nervioso. Cuando Pax, con mucho tacto, lo invitó a irse (por el bien del chico, por supuesto), el visitante pidió permiso para volver con un colega.

Llegaron pocos días después y conferenciaron durante horas con Juan. Desgraciadamente Tomás tenía que visitar a algunos pacientes. Pax se quedó al lado de la sillita alta de su hijo, tejiendo en silencio, y tratando ocasionalmente de ayudarlo. Pero la conversación estaba fuera de su alcance. Hicieron una pausa para tomar una taza de té, y uno de los visitantes comentó:

—Lo sorprendente es el poder de imaginación del niño. Desconoce el vocabulario, y la historia, pero ha visto todo. Es increíble. Parece visualizar lo que no puede ser visualizado.

Al atardecer, según contó Pax, los visitantes empezaron a mostrarse nerviosos, y hasta coléricos. La irritante risa de Juan parecía empeorar las cosas. Cuando hubo que poner punto final a la discusión, pues era la hora de dormir de Juan, los huéspedes habían perdido todo dominio de sí mismos.

—Estaban como locos —dijo Pax—, y cuando los eché del jardín siguieron discutiendo en la calle. Ni siquiera se despidieron.

Fue una sorpresa saber, unos días más tarde, que habían encontrado en plena madrugada, sentados en la acera, a dos matemáticos de la universidad que dibujaban diagramas en el asfalto a la luz de un farol, y discutían acerca de la «curvatura del espacio».

Tomás consideraba a su hijo menor como un caso excepcional de «niño prodigio», y nada más. Su comentario favorito era:

—Por supuesto, todo esto pasará cuando tenga más años...

—Quién sabe —contestaba Pax.

Juan jugó con la matemática otro mes, y de pronto la abandonó. Cuando el padre le preguntó por qué, el niño dijo:

—Realmente, no hay mucho en los números. Son algo maravillosos, es verdad, pero cuando se ha terminado con ellos... bueno, se ha terminado. He terminado con los números. Sé todo lo que hay en esa diversión. Quiero otra. No se puede chupar siempre el mismo caramelo.

Los próximos doce meses, Juan no deparó a sus padres otras sorpresas. Es cierto que aprendió a leer y escribir, y no tardó más de una semana en sobrepasar a sus hermanos. Pero después de su triunfo matemático, éste no pasó de ser un logro modesto. Lo sorprendente era que el deseo de leer se hubiera desarrollado tan tarde. Pax solía leerle en voz alta los libros de los niños mayores, y Juan no encontraba, aparentemente, motivo para relevarla de su trabajo.

Un día Ana, su hermana mayor, cayó en cama, enferma, y la madre tuvo que abandonar las lecturas. Juan le pidió a gritos que empezara un nuevo libro. Pax no accedió.

—Bueno, enséñame a leer antes de irte —rogó Juan. Pax sonrió y dijo:

—Es un trabajo largo. Cuando Ana mejore te enseñaré.

Pocos días después Pax inició sus clases, en forma ortodoxa. Pero Juan no tenía paciencia para esta enseñanza ortodoxa. Inventó un método propio. Hizo leer a Pax en voz alta y pasar el dedo por la línea mientras leía, para que él pudiese seguir las palabras. Pax se reía de la rareza de este método, pero con Juan daba resultado. Le bastaba con recordar la «apariencia» de cada «ruido»; su poder de retención parecía infalible. Enseguida, sin pedirle a Pax que leyera más lentamente, comenzó a analizar los sonidos de las distintas letras, y pronto estaba maldiciendo la falta de lógica del alfabeto inglés. Al concluir la primera lección, Juan ya sabía leer, aunque su vocabulario era limitado. En la semana siguiente devoró todos los libros infantiles de la casa, y algunos de los adultos. Éstos, por supuesto, casi no tenían sentido para él, aunque las palabras eran en su mayoría familiares. Pronto los abandonó, disgustado. Un día tomó la geometría escolar de su hermana, pero la dejó a los cinco minutos.

—¡Un libro para recién nacidos! —comento.

Poco después, Juan era capaz de leer cualquier cosa, pero no dio muestras de querer convertirse en una rata de biblioteca. Leía sólo en los momentos de inactividad, cuando sus atareadas manos exigían descanso. Había entrado en una época de apasionado trabajo manual, y con cartones, alambres, maderas, arcilla, y cualquier otro material que le cayera en las manos, construia toda clase de modelos ingeniosos. El dibujo ocupaba, tambien, gran parte de su tiempo.

3

EL NIÑO TERRIBLE

A los seis años, al fin, Juan se interesó por la locomoción. En este arte había estado hasta entonces más atrasado de lo que su aspecto dejaba traslucir. Los intereses intelectuales y constructivos lo habían llevado a descuidar todo lo demás.

Ahora, descubría la necesidad de moverse solo y, al mismo tiempo, la fascinación de conquistar el nuevo arte. Como de costumbre su método de aprendizaje fue original y sus progresos, rápidos. No gateó nunca. Empezó por mantenerse erguido con las manos apoyadas en una silla, balanceando alternativamente uno y otro pie. Una hora de este ejercicio lo agotó, y por primera vez en su vida pareció profundamente descorazonado. Él, que había tratado a los matemáticos como niños obtusos, concibió un nuevo respeto por su hermano de diez años, el miembro más activo de la familia. Durante una semana, observó, persistente y reverentemente, cómo el pequeño Tomás caminaba, corría y peleaba con su hermana. Estudiaba, ansioso, todos los movimientos, seguía balanceándose, y hasta daba unos pocos pasos de la mano de su madre. Sin embargo, al terminar esa semana, tuvo una especie de colapso nervioso, y durante varios días no puso los pies en el suelo. Con una evidente sensación de derrota regresó a la lectura y la matemática.

Cuando se recobró lo suficiente como para mantenerse otra vez en pie, atravesó el cuarto caminando, sin ninguna ayuda, y estalló en histéricas lágrimas de alegría, actitud extraordinariamente desusada en él. Ya había conquistado el arte: sólo necesitaba fortalecer sus músculos con el ejercicio.

Pero Juan no se contentaba con caminar. Tenía ante sí una nueva meta, y con su característica decisión se apresuró a alcanzarla.

Ante todo, tuvo que vencer el obstáculo de su raquitismo. Sus piernas eran aún casi fetales, cortas y arqueadas. Pero gracias al uso constante, y a su indomable voluntad, pronto empezaron a desarrollarse: rectas, largas y fuertes. A los siete años corría como un conejo y trepaba como un gato. Su estatura era la de un niño de cuatro años, pero algo musculoso recordaba en él a los muchachos de ocho o nueve. Y aunque su cara tenía formas infantiles, su expresión era a veces casi la de un hombre de cuarenta. Los ojos enormes y el pelo corto y blancuzco le daban un aspecto sin edad, casi inhumano.

Había logrado ya un sorprendente dominio de sus músculos. Sus miembros le obedecían con toda precisión, como se demostró inconfundiblemente cuando, dos meses después de haber caminado por vez primera, aprendió a nadar. Estuvo un rato de pie en el agua mirando las prácticas brazadas de su hermano, luego recogió las piernas y nadó.

Durante varios meses se dedicó a emular a los demás chicos en diversas proezas físicas, y a imponerles su voluntad. Al principio, todos estaban encantados con los esfuerzos del niño, todos excepto Tomás, quien ya comprendía que era superado por su hermano menor. Los chicos de la calle eran más generosos, pues al principio el éxito de Juan los afectaba menos, pero poco a poco fueron quedando atrás.

Fue por supuesto Juan quien, cuando no parecía sino un escuálido chiquillo de cuatro años, trepó por una tubería de desagüe y se deslizó a lo largo del alero para rescatar una pelota. Arrojó la pelota, y enseguida subió alegremente por las tejas y se sentó a horcajadas en lo alto del tejado. Pax estaba de compras en la ciudad, y los vecinos se aterrorizaron. Entonces Juan, previendo la diversión, fingió sentir pánico y ser incapaz de moverse. Aparentemente había perdido la cabeza; se aferraba a las tejas temblando, se quejaba de un modo abyecto, las lágrimas le corrían por las mejillas. Un constructor vecino, apresuradamente llamado por teléfono, envió hombres y escaleras, y cuando los salvadores aparecieron en el tejado, Juan les hizo un gesto de burla, ganó el alero, y bajó como un mono por la tubería de desagüe ante los ojos de la multitud asombrada y ofendida.

Cuando Tomás se enteró de la aventura, se sintió simultáneamente horrorizado y feliz.

—El prodigio —dijo— ha pasado de la matemática a la acrobacia. Pero Pax se limitó a decir:

—Querría que no llamara la atención.

Las pasiones devoradoras de Juan eran ahora las hazañas personales y dominar a los demás. El infortunado Tomasito, antes un diablillo caprichoso, estaba eclipsado y dolorido. Pero Anita adoraba a su brillante hermano Juan y se consideraba su esclava. La suya era una vida difícil; puedo comprenderla muy bien, porque en una época muy posterior ocupé su puesto.

Juan era el héroe, o el más odiado enemigo, de todos los niños del vecindario. Al principio no intuía qué efecto tenían sus actos sobre los demás, y la mayoría lo consideraba un pequeño monstruo fanfarrón. Ocurría simplemente que Juan «sabía» cuando los otros no sabían, y «podía» cuando los otros no podían. No daba muestras de arrogancia, pero no trataba tampoco de asumir una falsa modestia.

Un ejemplo, punto decisivo de su actitud para con sus compañeros, demostrará su debilidad inicial en este sentido, así como la increíble flexibilidad de su mente.

El joven Esteban, mucho mayor que Juan, luchaba en el jardín vecino con una destartalada y complicada cortadora de césped. Juan saltó la cerca y lo miró silenciosamente unos minutos. De pronto se rió. Esteban no le hizo caso. Entonces Juan se agachó, arrebató una rueda dentada de manos del muchacho, la puso en su lugar, montó las otras partes, hizo girar aquí una tuerca y allí un tornillo, y la máquina quedó arreglada. Esteban lo miraba confundido. Juan se volvió, diciendo:

—Siento que no entiendas de estas cosas, pero te ayudaré cuando no tenga nada que hacer.

Ante la inmensa sorpresa de Juan, el otro se lanzó contra él, lo golpeó dos veces, y por fin lo arrojó por encima de la cerca. Sentado en el césped, frotándose diversas partes del cuerpo, Juan debió de sentir, por lo menos, un espasmo de furia; pero la curiosidad triunfó sobre la ira y preguntó, casi amistosamente:

—¿Por qué hiciste eso?

Esteban se alejó del jardín sin contestar. Juan se quedó meditando. Al rato oyó la voz de su padre, en el interior de la casa y corrió hacia él.

—Eh, doctor —exclamó—, si no pudieses curar a uno de tus pacientes y alguien llegara y lo curase, ¿qué harías?

—No sé —respondió Tomás, distraídamente, ocupado en otros asuntos—. Probablemente le daría un golpe. La gente entremetida no me gusta.

—Pero ¿por qué? —dijo Juan con la boca abierta—. Eso sería muy estúpido.

—Supongo que sí —respondió su padre, todavía preocupado—, pero a veces uno pierde la cabeza. Todo dependería de la actitud del otro. Si me pusiese en ridículo, tendría deseos de golpearlo.

Juan miró a su padre un momento.

—Ya veo —dijo después—. Doctor —agregó repentinamente—, necesito volverme fuerte, tan fuerte como Esteban. Si leo todas esas obras —dijo mirando los libros de medicina—, ¿aprenderé a ser muy fuerte?

—Temo que no —dijo su padre, riendo.

Dos ambiciones dominaron la conducta de Juan durante seis meses: convertirse en un luchador invencible y comprender a los seres humanos.

Esta última fue para Juan la tarea más sencilla. Se dedicó a estudiar nuestra conducta y nuestros motivos analizando y observando. Pronto descubrió dos hechos importantes: primero, que ignorábamos con frecuencia nuestros propios motivos; segundo, que en muchos sentidos él, Juan, difería de nosotros. Posteriormente me dijo que en esa época empezó a comprender la originalidad de su carácter.

¿Necesito decir que una quincena después Juan parecía otra persona? Había adoptado, con toda exactitud, ese aire de modestia y generosidad que caracteriza a los ingleses. A pesar de sus pocos años y de su apariencia infantil, se convirtió en el líder involuntario de muchas aventuras. Todos decían: «Juan sabrá qué hacer», o bien:

«Buscad a ese demonio de Juan, que es una maravilla para estas cosas». En la desordenada guerra librada contra los niños de la escuela religiosa (pasaban cuatro veces al día por la esquina de la calle), era Juan quien planeaba emboscadas y quien podía convertir una derrota en una victoria gracias a la milagrosa furia de un ataque inesperado. Era verdaderamente un Júpiter niño, armado de rayos en lugar de puños.

Estas batallas eran en parte repercusión de la guerra más amplia que se libraba en Europa; pero, además, eran deliberadamente fomentadas por Juan para sus propios fines. Le daban la oportunidad de cumplir proezas físicas y lograr al mismo tiempo una especie de inconfesada jefatura.

No era raro que los niños del vecindario se dijeran:

—Juan es ahora un excelente compañero.

Las madres, impresionadas más bien por sus modales que por su genio militar, comentaban:

—Juan es un encanto. Ha perdido su vanidad y su extravagancia. Hasta Esteban lo elogiaba.

—Ese chico ha mejorado mucho —dijo una vez a su madre—. La paliza le hizo bien. Me pidió excusas por la cortadora de césped y me dijo que esperaba no haberla roto.

Pero el destino tenía una sorpresa reservada para Esteban.

A pesar de la actitud poco alentadora de su padre, Juan había dedicado muchos ratos libres a los libros de medicina y fisiología. Los dibujos anatómicos le interesaban muchísimo, pero para comprenderlos debía leer el texto. Como su vocabulario era sumamente inadecuado, procedió a la manera de Victor Stott y leyó del principio al fin un gran diccionario y luego un léxico de términos fisiológicos. Muy pronto los conoció tan bien que le bastaba pasar rápidamente la mirada por una página impresa para comprenderla y recordarla indefinidamente.

Pero Juan no se contentaba con teorías. Un día, horrorizada, Pax lo encontró disecando una rata muerta en el piso del comedor, sobre un periódico destinado a proteger la alfombra. Desde entonces sus estudios anatómicos, tanto los prácticos como los teóricos, fueron supervisados por su padre. Durante unos meses, Juan vivió fascinado. Demostraba gran habilidad para la disección y el manejo del microscopio. Preguntaba continuamente, y a menudo confundía al doctor. Por fin Pax, recordando a los matemáticos, insistió en que el fatigado médico descansara un poco. Desde entonces Juan estudió sin ayuda.

Después, repentinamente, abandonó la biología como había abandonado la matemática. Pax le preguntó:

—¿Has terminado con la vida así como terminaste con el número?

—No —contestó Juan—. La vida no es tan clara como el número. No puede reducirse a un diagrama. Hay algo falso en todos esos libros. Su estupidez es evidente, por supuesto, pero debe de haber un error más profundo que no puedo comprender.

En esa época Juan fue enviado a la escuela aunque su carrera escolar sólo duró tres semanas.

—Su influencia es muy perniciosa —expresó la directora— y es imposible enseñarle. Temo que el niño, aunque apto en cierto sentido limitado, sea realmente inferior a los otros y necesite un tratamiento.

Desde ese día, para cumplir con la ley, Pax pretendió enseñarle ella misma. Para contentarla, Juan le daba una ojeada a los libros escolares y los repetía a su gusto. En cuanto a comprenderlos, podía asimilarlos tan bien (cuando le interesaban) como sus mismos autores. Ignoraba, en cambio, los que lo aburrían, y podía demostrar ante éstos la estupidez de un retrasado.

Después de terminar con la biología, Juan abandonó toda búsqueda intelectual y se concentró en su cuerpo.

Ese otoño no leyó nada excepto novelas de aventuras y obras sobre jiu-jitsu. Dedicó mucho tiempo a la práctica de este arte y otros ejercicios gimnásticos de su propia invención. También se sometió a una cuidadosa dieta ideada por él mismo, pues su aparato digestivo era su único punto débil y más infantil, aparentemente, que el resto de su cuerpo. A los seis años no podía digerir otra cosa que leche especialmente preparada y zumos de fruta. A estas dificultades se había sumado la reducción de alimentos provocada por la guerra y Juan sufría a menudo de ligeras indisposiciones. Tomó entonces el asunto por su cuenta, y elaboró una dieta escasa e intrincada de frutas, queso, leche malteada y pan entero, y un régimen de descanso y ejercicio cuidadosamente alternados. Nos reímos de él; todos menos Pax, quien trató de satisfacer sus deseos.

Ya fuera por la dieta, por la gimnasia o por la sola fuerza de su voluntad, Juan llegó a ser excepcionalmente fuerte para su edad y su peso. Uno a uno los muchachos de la vecindad fueron derrotados. Por supuesto, no era la fuerza, sino la agilidad y la astucia lo que le permitía medirse con adversarios mucho mayores que él.

—Si Juan te sorprende, estás vencido —se decían—. Y no puedes impedirlo. Es demasiado rápido.

Lo más curioso era que, en todas las peleas, el público tenía la impresión de que el agresor no era Juan, sino el otro.

El clímax fue el caso de Esteban, ahora capitán del equipo de su escuela y excelente amigo de Juan.

Un día, mientras yo hablaba con Tomás en su estudio, oímos ruidos desusados en el jardín. Nos asomamos a la ventana y vimos a Esteban que corría vanamente en pos de Juan. Éste, saltando a un lado y a otro, dejaba caer su pequeño puño una y otra vez con gran eficacia en la cara de Esteban, una cara casi irreconocible de rabia y perplejidad, y que nada tenía de su habitual expresión de dulzura. Ambos combatientes estaban manchados de sangre, brotada, aparentemente, de la nariz de Esteban.

Juan era también otra persona. Torcía los labios en una mezcla inhumana de ira y sonrisa. Tenía un ojo medio cerrado a causa del único golpe certero de Esteban, y el otro, cavernoso, como el ojo de una máscara. Porque cuando Juan se irritaba, el iris desaparecía casi enteramente.

El conflicto era tan inusitado y fantástico que durante un momento Tomás y yo quedamos paralizados. Por fin Esteban logró atrapar al niño diabólico. O éste, quizá, permitió que lo atrapasen. Nos lanzamos por las escaleras, pero cuando llegamos al jardín, Esteban yacía boca abajo, boqueando y retorciéndose, con los brazos atrás, apretados por aquellas manos de tarántula.

Juan, en ese momento, nos dio la impresión asombrosa de algo maligno. Agazapado, parecía realmente una araña, dispuesta a dar muerte al cuerpo torturado que tenía a su merced. Recuerdo que la escena me repugnó.

Estábamos asombrados ante este inesperado giro de los acontecimientos. Juan miró a su alrededor. Su mirada encontró la mía: nunca he visto expresión más arrogante ni espantosa del ansia de poder.

Nos contemplamos durante unos instantes. Evidentemente mis ojos expresaban horror, pues su aspecto cambió enseguida. La ira se desvaneció, y dio lugar a la curiosidad, y luego a la abstracción. De pronto Juan rió con su risa enigmática. No había en ella una nota de triunfo, sino más bien de burla de sí mismo, y quizá de espanto.

Soltó a su víctima, se puso de pie, y dijo:

—Levántate, Esteban. Siento haberte hecho perder la cabeza. Pero Esteban estaba desmayado.

Nunca descubrimos la causa de aquella pelea. Cuando interrogamos a Juan, nos dijo:

—Todo ha terminado. Olvidémoslo. ¡Pobre viejo Esteban! Pero no, yo no olvidaré.

Días después, Esteban, acorralado por nuestras preguntas, declaró:

—No puedo pensar en eso. Realmente fue por mi culpa, es evidente. Me enfurecí no sé cómo. Juan trataba de ser especialmente amable. ¡Pero ser vencido por un chiquilín! No es un chiquilín, es un ciclón.

No pretendo comprender a Juan, pero no puedo dejar de tener algunas teorías. En el caso presente, mi teoría es ésta: en esa época Juan trataba, por sobre todas las cosas, de afirmarse a sí mismo. No creo que hubiese estado proyectando su venganza desde el asunto de la cortadora de césped. Pienso que había determinado, a sangre fría, probar su fuerza, o más bien su pericia, contra el más formidable de sus conocidos, y que con esta intención había enfurecido deliberada y sutilmente al desventurado Esteban. La furia de Juan, sospecho, era enteramente artificial. Luchaba mejor con una especie de rabia fría, y por esta razón creaba ese sentimiento. La gran prueba, me parece, no debía ser un encuentro amistoso, sino una verdadera lucha desesperada y salvaje. Y Juan obtuvo lo que quería. Y enseguida vio, instantaneamente, y para siempre, mucho mas alla de esa lucha. Asi lo creo al menos.

4

JUAN Y SUS MAYORES

Aunque la lucha con Esteban fue un momento muy importante en la vida de Juan, las cosas siguieron exteriormente casi como antes. Pero dejó de pelear y pasó desde entonces mucho tiempo a solas.

Fue otra vez amigo de Esteban, aunque aquélla era, sin embargo, una amistad incómoda. Ambos parecían deseosos de mostrarse cordiales, pero no se sentían indudablemente a gusto. Esteban parecía abatido. No era que temiese otra paliza, pero había sido herido en su dignidad. Aproveché una ocasión para sugerirle que su derrota no era un infortunio, ya que Juan, evidentemente, no era como los demás. Mi consuelo sacudió a Esteban, y con una voz histérica me dijo:

—Me sentí... no puedo decir cómo me sentí... Como un perro a quien castigan por haber mordido a su amo. Me sentí... culpable y perverso.

Juan empezaba a ver con más claridad la distancia que lo separaba de nosotros. Al mismo tiempo sentía, probablemente, una aguda necesidad de compañía, pero de una compañía superior a la de los seres humanos normales. Continuaba jugando con sus antiguos compañeros, y era todavía el animador de la mayoría de sus actividades. Sin embargo, jugaba siempre con cierto desapego, como con cierta reserva irónica. Aunque por su aspecto parecía el menor y el más infantil de la pandilla, me hacía pensar a veces en un hombrecito anciano y canoso que condescendía a jugar con jóvenes gorilas. Con frecuencia, interrumpía algún juego salvaje y se tendía a soñar en el césped del jardín. O bien se quedaba con su madre y hablaba con ella de la vida mientras la mujer se dedicaba a sus quehaceres, limpiaba el jardín o (ocupación frecuente en Pax) esperaba simplemente los acontecimientos.

En cierto modo, Juan junto a su madre hacía pensar en un niño adoptado por una loba o, más bien, por una vaca. Evidentemente depositaba en Pax toda su confianza y todo su cariño, y hasta una profunda aunque perpleja reverencia, pero se turbaba cuando ella no podía seguir sus ideas, o comprender sus innumerables preguntas sobre el universo.

La imagen de la madre adoptiva no es perfecta. En realidad, y en cierto sentido, es totalmente falsa, pues si bien intelectualmente Pax era su inferior, era evidente que había otro campo donde —en esa época— era superior o igual a él. Tanto la madre como el hijo poseían una peculiar sutileza para apreciar la experiencia, una sensibilidad especial que en el fondo era, creo, un fino y especialísimo sentido del humor.

Muchas veces los vi cruzar una mirada cómplice y divertida cuando el resto de nosotros no encontraba ningún motivo de diversión. Supuse que esa velada diversión debía de estar conectada, de algún modo, con el incipiente interés de Juan por las personas y su creciente conocimiento de sí mismo. Pero jamás logré descubrir por qué a esos dos les parecía tan graciosa nuestra conducta.

La relación de Juan con su padre era muy diferente. Juan utilizaba a menudo, para su propio provecho, la activa mente del doctor, pero no había entre ellos simpatía espontánea y sí poca comunidad de gustos, aparte del interés intelectual. Muchas veces vi en la cara de Juan una fugaz mueca de irrisión o de disgusto mientras oía a su padre. Esto ocurría especialmente cuando Tomás creía estar enunciando alguna profunda verdad sobre la naturaleza del hombre o el universo. Es innecesario decir que no sólo Tomás, sino también yo mismo y muchos otros provocábamos en Juan irrisión o repugnancia. Pero Tomás era el agresor principal, quizás porque era el más brillante, y el ejemplo más claro de las limitaciones mentales de su especie. Sospecho que Juan incitaba deliberadamente a su padre a traicionarse de ese modo, como si se dijese: «De alguna manera debo comprender a estos seres fantásticos que ocupan el planeta. He aquí un hermoso ejemplar. Voy a experimentar con él».

Reconozco que yo mismo estaba cada vez más intrigado por el ser extraordinario que era Juan, y que sufría, involuntariamente, su influencia. Considerando ahora este período, puedo ver que Juan ya me había destinado a un uso futuro y dado los primeros pasos para mi captura. Su método básico era afirmar fríamente que, a pesar de mi edad, yo era su esclavo, y que por más que me burlara de él, lo reconocía en secreto un ser superior y era en el fondo su perro fiel. Por ahora podía divertirme jugando a la vida independiente (yo era entonces colaborador de algunas publicaciones, no muy interesado en mi oficio), pero más tarde o más temprano me acortaría las riendas.

Cuando Juan tenía ocho años y medio, lo consideraban generalmente un niño, muy peculiar, de cinco o seis. Se divertía todavía con juegos infantiles, y era aceptado por sus compañeros como otro niño más, un poco raro. Sin embargo, podía participar en cualquier conversación adulta. Desde luego, era demasiado brillante, o demasiado ignorante, para desempeñar su papel de una manera normal; pero nunca parecía inferior. Hasta sus comentarios más ingenuos poseían un sorprendente significado.

Además, la ingenuidad de Juan desaparecía con rapidez. Leía muchísimo, y a un ritmo increíble. Ningún libro, sobre cualquier tema que no estuviese fuera de su experiencia, le llevaba más de un par de horas, por complejo que fuese el contenido. Muchos los asimilaba por completo en un cuarto de hora. Y con la mayoría, procedía así: los miraba unos minutos y luego los hacía a un lado por inútiles.

De vez en cuando, en el curso de sus lecturas, pedía que su padre, su madre o yo lo lleváramos a alguna fábrica, a visitar una mina, un barco, un lugar de interés histórico o a observar experimentos en algún laboratorio químico. Se hacían grandes esfuerzos para cumplir estas demandas, pero en muchos casos no teníamos bastante influencia. Muchos proyectos eran desechados, pues Pax temía la publicidad. Cuando realizábamos una expedición, debíamos fingir ante las autoridades que la presencia de Juan era accidental, y que el suyo era un mero interés infantil.

Juan no dependía de ningún modo de sus mayores para observar el mundo. Había desarrollado el hábito de conversar con toda clase de gentes «para averiguar qué hacían y qué pensaban acerca de las cosas». Cualquiera que fuera hábilmente abordado en la calle, el camino o el tren por ese muchachito de ojos enormes, cabello lanudo y lenguaje de adulto, se veía obligado a decir lo que no deseaba. Mediante este nuevo tipo de investigación, Juan, estoy convencido, aprendió, en uno o dos meses, acerca de la naturaleza humana y los problemas sociales modernos más que la mayoría de nosotros en toda la vida.

Tuve el privilegio de asistir a una de estas conversaciones. En esta ocasión la víctima fue el propietario de un gran almacén de la vecina ciudad industrial. El señor Magnate (conviene no revelar su nombre) debía ser sorprendido mientras viajaba a la oficina en el tren de las 9.30. Juan aceptó mi presencia, pero con la condición de que yo fingiese ser un desconocido.

Dejamos que la presa atravesara el molinete y se instalara en su compartimiento de primera clase. Nos acercamos a la taquilla donde con cierto nerviosismo pedí «uno de primera y otro medio». Luego fuimos, separados, hasta el vagón del señor Magnate. Cuando llegué, Juan se había sentado frente al gran hombre. Éste, de cuando en cuando, alzaba la vista de su periódico y miraba a aquel curioso niño de frente prominente y ojos hundidos. Apenas ocupé mi lugar, en la esquina opuesta en diagonal a la de Juan, entraron otros dos hombres de negocios y se pusieron a leer sus periódicos.

Juan, aparentemente, estaba absorto en la lectura de un tebeo. Aunque lo había comprado para utilizarlo como decorado, creo que era muy capaz de divertirse con él, pues, a pesar de sus dones maravillosos, era todavía en el fondo de su corazón un niño como todos. En la conversación que siguió se adaptó, en cierta medida, a la idea que presumiblemente podía tener un hombre de negocios de un niño precoz aunque ingenuo. Y realmente, había en él tanto de ingenuidad como de inteligencia diabólica. Yo mismo, aunque lo conocía bastante, no podía saber hasta dónde era sincero o hasta dónde fingía. Una vez que el tren arrancó, Juan miró tan fijamente a su presa que el señor Magnate se escondió detrás de la muralla del periódico. De pronto, la vocecita curiosamente precisa de Juan atrajo hacia él todas las miradas.

—Señor Magnate —dijo—, ¿puedo hablarle?

El periódico bajó, y su dueño trató de no parecer torpe ni condescendiente.

—Ciertamente, muchacho. ¿Cómo te llamas?

—Oh, me llamo Juan. Soy un chico raro, pero eso no importa. Vamos a hablar de usted.

Todos reímos. El señor Magnate cambió de posición, pero continuó desempeñando su papel.

—De veras —dijo—, eres bastante raro.

Miró a sus compañeros de viaje en busca de aprobación. Sonreímos como era debido.

—Sí —replicó Juan—. Pero desde mi punto de vista el raro es usted.

El señor Magnate vaciló un instante entre la diversión y el desagrado. Pero como todos nos habíamos reído —excepto Juan—, decidió mostrarse benévolo.

—No tengo nada de extraordinario —dijo—. Soy un hombre de negocios. ¿Por qué dices que soy raro?

—Bueno —dijo Juan—. A mí me consideran raro porque tengo más cabeza que la mayoría de los niños de mi edad. Hasta más de lo debido. Usted es raro porque tiene más dinero que la mayoría de la gente, y también, según dicen algunos, más de lo debido.

Nos reímos otra vez, un poco inquietos. Juan continuó:

—Todavía no sé qué hacer con mi cabeza y me pregunto si sabrá usted qué hacer con su dinero.

—Mi querido muchacho, tal vez no me creas, pero en verdad no puedo elegir. Me acosan las necesidades, de toda índole, y tengo que pagarlas.

—Comprendo —dijo Juan—, pero no puede pagar todas las necesidades posibles. Debe de tener un gran plan, o una finalidad que le ayude a elegir.

—Bueno, ¿cómo explicarlo? Soy Jaime Magnate, con una esposa, una familia, un negocio complejo, y esto me crea numerosas obligaciones. Todo el dinero que manejo, o casi todo, está destinado a hacer que esas ruedas sigan girando, por así decirlo.

—Me imagino —dijo Juan—. «Mi posición y las obligaciones consiguientes», como decía Hegel, y no hay que preocuparse por el sentido de todo.

Como un perro que se encuentra con un olor poco familiar, y bastante desagradable, el señor Magnate olfateó esta observación, se erizó y gruñó vagamente.

—¡Preocuparse! —resopló—. Tengo mucho de qué preocuparme. El precio de las mercancías es una constante preocupación. Si empezara a preocuparme por el

«sentido de todo», pronto estaría arruinado. Falta tiempo para eso. Hay una tarea que realizar, de gran beneficio para el país, y eso basta.

Hubo una pausa y luego Juan dijo:

—¡Qué suerte poder dedicarse con eficacia a una tarea útil e importante! ¿Es realmente útil e importante, señor? Por supuesto, si no el país no le pagaría.

El señor Magnate miró ansiosamente a su alrededor preguntándose si se estarían burlando de él. Lo tranquilizó, sin embargo, la mirada inocente y respetuosa de Juan. La siguiente observación del niño fue bastante desconcertante: —¡Debe de ser tan agradable sentirse importante y seguro a la vez!

—No sé, no sé —respondió el gran hombre—. Le doy al público lo que quiere, al menor precio posible, y gano bastante como para mantener a mi familia con cierta comodidad.

—¿Y para eso gana usted dinero? ¿Para mantener a su familia con comodidad?

—Para eso y para otras cosas. Gasto mi dinero de muchas maneras. Si quieres saberlo, una gran parte va al partido político que, según me parece, puede gobernar mejor el país. Parte se destina a los hospitales y a otras obras caritativas en nuestra ciudad. Pero casi todo vuelve al negocio para agrandarlo y mejorarlo.

—Un momento —dijo Juan—. Ha tocado muchos puntos interesantes. No quisiera perderme ninguno. Primero, la comodidad. Usted vive en esa casa de piedra y madera de la colina, ¿no es cierto?

—Sí, es copia de una mansión isabelina. Podría haberme arreglado sin ella, pero mi mujer se encaprichó y su construcción favoreció a la industria local.

—¿Y tiene un Rolls y un Wolseley?

—Sí —respondió el señor Magnate, agregando magnánimamente—: Ven a la colina un sábado y te llevaré a pasear en el Rolls. Cuando marcha a ochenta, a uno le parece que fuera a treinta.

Juan parpadeó. Era un gesto que yo había visto otras veces y que expresaba diversión y desprecio. Pero ¿por qué desprecio? Él mismo amaba la velocidad. Por ejemplo, no le gustaba mi manera prudente de conducir. ¿Acaso veía en esa observación una cobarde intentona de cambiar de tema? Supe más tarde que ya había hecho varios paseos en el auto de Magnate luego de sobornar al chofer. Hasta había aprendido a conducirlo, con la espalda apoyada en almohadones para que las piernas alcanzasen los pedales.

—Oh, gracias, me encantaría pasear en su Rolls —dijo, mirando con gratitud los benévolos ojos grises de Magnate—. Por supuesto, no podría usted trabajar a gusto si no se sintiese cómodo. Y eso significa una casa grande, dos autos, y pieles y joyas para su mujer, y billetes de primera, y escuelas privadas para sus hijos. —Se interrumpió mientras el señor Magnate lo miraba con suspicacia. Luego añadió—: Pero usted no se sentirá realmente cómodo mientras no le den su título de caballero.

¿Por qué no llega? Ya ha pagado bastante, ¿no es verdad?

Uno de nuestros compañeros de viaje esbozó una sonrisa. El señor Magnate enrojeció, abrió la boca, murmuró:

—Chiquilín insolente—, y se refugió en su periódico.

—Oh, señor, lo siento —dijo Juan—. Creí que todo esto era algo respetable. Uno paga lo justo, lo condecoran, y todo el mundo sabe que uno ha cumplido con su deber. Y ése es el verdadero bienestar: saber que todos saben que uno hace bien las cosas.

El periódico volvió a caer y su dueño dijo con suave firmeza:

—Mira, muchacho: no hay que creer todo lo que se dice, y menos cuando se trata de difamaciones. Sé que no tienes mala intención, pero debes tener más juicio crítico.

—Lo siento muchísimo —dijo Juan, con aire apenado y confuso—. Es tan difícil saber qué se puede y qué no se puede decir...

—Sí, por supuesto —dijo Magnate amistosamente—. Tal vez sería mejor que te explicara algunas cosas. Cualquiera que se encuentre en una posición como la mía, si es digno de ella, debe aprovechar todas las ocasiones para servir al Imperio. Puede hacerlo en parte manejando bien su negocio, y en parte utilizando su influencia personal. Y para tener influencia no sólo deberá ser, sino también parecer un hombre adinerado. Deberá gastar abundantemente para dar cierto estilo a su modo de vida. El público espera más del hombre que vive de un modo dispendioso: Con frecuencia sería más cómodo no gastar tanto, así como sería mejor para un juez no usar la toga ni la peluca los días de calor. Pero no es posible; hay que sacrificar la comodidad a la dignidad. En Navidad le compré a mi mujer una hermosa gargantilla de diamantes (sudafricanos, de modo que el dinero quedó en el Imperio). Cada vez que vamos a una reunión de cierta importancia, digamos una cena en el Town Hall, se adorna con ella. No siempre le agrada. Dice que es pesada o dura, o algo así. Pero yo le digo:

«Querida mía, es una insignia de tu posición. Tienes que llevarla». Y acerca del título nobiliario. Si alguien dice que quiero comprar uno, es mentira. Doy lo que puedo a mi partido porque sé muy bien, con mi experiencia, que es el partido del sentido común y la lealtad. Ningún otro partido se preocupa seriamente por la prosperidad y el poder de Inglaterra. A ningún otro le interesa nuestro Imperio ni su misión específica: gobernar el mundo. Bueno, es evidente que debo sostener al partido, y si ellos consideran justo otorgarme el título de caballero, me sentiré orgulloso. No soy de los que desdeñan los títulos. Me alegraría ante todo porque eso querría decir que las personas de más valor confían en mí como servidor del imperio, y luego porque el título me daría más autoridad para seguir sirviendo al Imperio.

El señor Magnate nos miró. Todos aprobamos inclinando la cabeza.

—Gracias, señor —dijo Juan con ojos solemnes y respetuosos—. Y todo depende del dinero, ¿no es verdad? Si quiero realizar algo importante, tendré que conseguir dinero. Un amigo mío dice siempre: «El dinero es poder». Tiene una mujer que siempre está cansada y enojada, y cinco niños sucios y feos. No consigue trabajo, y el otro día tuvo que vender su bicicleta. Dice que no es justo que él y usted tengan diferente posición. Pero, realmente, es por su culpa. Si hubiera sido tan despierto como usted, sería también un hombre rico. Que usted sea rico no hace que los demás sean pobres, ¿no es verdad? Si todos los pobres fuesen tan inteligentes como usted, tendrían casas grandes, diamantes y autos. Serían útiles al Imperio en vez de ser un estorbo.

El hombre sentado ante mí contuvo la risa. El señor Magnate lo miró de soslayo, como un caballo receloso, luego se compuso y se echó a reír.

—Muchacho —dijo—, eres demasiado joven para comprender estas cosas. No creo que valga la pena seguir hablando.

—Lo siento —respondió Juan, aparentemente avergonzado—. Creí que comprendía. —Después de una pausa, continuó—: ¿Le importa que sigamos un poquito más? Quiero preguntarle otra cosa.

—Bueno, está bien. ¿Qué?

—¿En qué piensa usted?

—¿En qué pienso? ¡Por Dios! En toda clase de cosas. Mi trabajo, mi casa, mi esposa, mis hijos... el estado del país.

—¿El estado del país? ¿Y qué piensa de eso?

—Bueno —dijo el señor Magnate—, es una larga historia. Pienso que Inglaterra debe recobrar su comercio exterior para que entre más dinero, y la gente pueda tener una vida plena y feliz. Pienso cómo podría ayudar a la autoridad para defenderla de los necios que quieren crear dificultades y de los que hablan mal del Imperio. Pienso que...

—¿Qué hace la vida plena y feliz? —interrumpió Juan.

—¡Eres un pozo de preguntas! Yo diría que la felicidad requiere bastante trabajo para no salirse del buen camino, y un poco de diversión para conservar las fuerzas.

—Y por supuesto —agregó Juan—, bastante dinero para poder divertirse.

—Sí —dijo el señor Magnate—. Pero no demasiado. La mayoría lo malgastaría o se echaría a perder. Si tuviesen mucho dinero, no trabajarían para conseguir más.

—Pero usted tiene mucho y trabaja.

—No trabajo exactamente por el dinero. Trabajo porque me gustan los negocios y porque así soy útil al país. Me considero una especie de servidor público.

—Pero —dijo Juan— ¿no son ellos también servidores públicos? ¿No es su trabajo necesario?

—Sí, amigo mío. Pero en general no piensan así. No trabajan si no los obligan.

—Ah, ya comprendo —dijo Juan—. Son distintos de usted. Debe de ser espléndido ser usted. Me pregunto si yo seré como usted o como ellos.

—Oh, realmente no soy diferente —dijo el señor Magnate con generosidad—. Y

si lo soy, es obra de las circunstancias. En cuanto a ti, creo que irás muy lejos.

—Eso quisiera —dijo Juan—. Pero todavía no sé por qué camino. Evidentemente, para hacer algo, cualquier cosa, necesito dinero. Pero dígame por qué se preocupa por el país y los otros.

—Supongo —dijo el señor Magnate riendo—, que si veo que son desgraciados yo también me siento desgraciado. Y, además —agregó solemnemente—, la Biblia nos enseña a amar al prójimo. Y si pienso en el país es porque necesito interesarme en algo grande, algo más grande que yo mismo.

—Pero usted es grande —dijo Juan, sin pestañear, mirando al señor Magnate como si éste fuese un héroe.

—No —se apresuró a responder el señor Magnate—, soy sólo un humilde instrumento al servicio de una gran causa.

—¿Cuál es esa causa?

—Nuestro gran Imperio, por supuesto.

Estábamos llegando a destino. El señor Magnate se levantó y tomó su sombrero del portaequipajes.

—Bueno, joven —dijo—, hemos tenido una interesante conversación. Ven el sábado a la tarde a eso de las dos y media y haré que el chofer te lleve a dar un paseo de un cuarto de hora en el Rolls.

—Gracias, señor —dijo Juan—. ¿Y podré ver la gargantilla de la señora? Me encantan las joyas.

—Naturalmente —respondió el señor Magnate.

Cuando me reuní con Juan fuera de la estación, su único comentario al viaje fue aquella risa característica.

5

EL PENSAMIENTO Y LA ACCIÓN

Durante los seis meses que siguieron a este incidente, Juan se independizó cada vez más de sus mayores. Sus padres comprendieron que podía valerse por sí mismo, y lo dejaron solo. Raras veces le preguntaban qué hacía, pues el espionaje, o cualquier cosa que se le pareciese, les repugnaba a ambos, y no parecía haber misterio alguno en los movimientos de Juan. Éste continuaba su estudio del hombre y del mundo del hombre. A veces refería algún incidente de sus aventuras del día o recurría a alguno de sus recuerdos para ilustrar un punto en discusión.

Aunque sus gustos eran, en algunos aspectos, todavía pueriles, su conversación demostraba que en otros sentidos se desarrollaba con gran rapidez. Todavía podía pasarse días enteros construyendo juguetes mecánicos; botes eléctricos, por ejemplo. Su ferrocarril extendía sus ramificaciones por todo el jardín en una maraña de vías, túneles, viaductos y estaciones con techo de cristal. Ganaba frecuentemente carreras de aeromodelos. En todas estas actividades parecía un escolar típico, aunque singularmente ingenioso y original. Pero el tiempo que pasaba de esta manera no era realmente largo. La única ocupación juvenil que parecía llevarle mucho tiempo era la navegación. Se había construido una canoa diminuta, muy marinera, equipada con velas y con un viejo motor de motocicleta. En ella se pasaba las horas explorando el estuario y la costa, y estudiando las aves marinas, por las cuales tenía una pasión sorprendente. Justificaba este interés, que a veces parecía casi obsesivo, diciendo:

—¡El estilo con que cumplen sus sencillas tareas es tan superior al del hombre en sus trabajos complicados! Observa un pato al volar o una chorla que busca en el barro su comida. Supongo que el hombre es tan inteligente en su propio campo como los primeros pájaros que volaron. El hombre es una especie de Arqueopterix del espíritu.

Hasta las actividades más infantiles, que apasionaban a veces a Juan, eran así iluminadas por la zona más madura de su mente. Por ejemplo, las historietas lo deleitaban, burlándose a la vez de sí mismo por gustar de esas tonterías.

En ningún momento de su vida superó Juan los intereses de su infancia. Aun en sus últimos años era capaz de travesuras y engaños infantiles. Pero su prodigiosa madurez dominaba ya entonces ese aspecto de su naturaleza. Tenía, por ejemplo, opiniones casi definidas sobre los verdaderos fines del individuo, la política social y los asuntos internacionales. Sabíamos también que leía mucho de física, biología, psicología y astronomía, y que se ocupaba seriamente de problemas filosóficos. Sus reacciones ante la filosofía diferían curiosamente de las de un adulto. Cuando alguno de los grandes problemas clásicos atraía por primera vez su atención, se hundía en los libros que trataban el tema, pasaba una semana leyendo activamente, y abandonaba luego la filosofía hasta que se interesaba por una nueva cuestión.

Después de varias incursiones por los dominios de la especulación pura, emprendió una seria campaña. Durante casi tres meses no se interesó en otra cosa. Era verano, y le gustaba estudiar al aire libre. Por las mañanas, salía en su bicicleta con un montón de libros y un cesto de comida. Dejaba la bicicleta en la cima de los riscos arcillosos de la costa, descendía a la playa y se instalaba allí. Vestido con un corto pantalón de baño leía o pensaba tendido al sol. A veces se bañaba o vagaba por la playa mirando los pájaros. Dos oxidados pedazos de chapa acanalada, y un abandonado horno de ladrillos vecino, le servían de protección contra la lluvia. Cuando subía la marea se lanzaba en su canoa al mar. Los días de calma era común verlo a una o dos millas de la costa, leyendo mientras iba a la deriva.

En una ocasión le pregunté cómo marchaban sus investigaciones filosóficas. Vale la pena recordar su respuesta.

—La filosofía —dijo— puede ayudar en verdad a una mente joven, pero es también terriblemente decepcionante. Al principio creí encontrarme por vez primera ante la verdadera inteligencia humana. Leyendo a Platón, Spinoza, Kant, y algunos realistas modernos, casi me sentí con gente de mi propia especie. Los acompañaba sintiendo que aquel juego reclamaba poderes que yo no había ejercido hasta entonces. A veces no podía seguirlos; creía perder alguna jugada esencial. ¡Qué alegría tropezar con esos puntos críticos y creer que había encontrado al fin una mente realmente superior! Pero al pasar de un filósofo a otro, empecé a comprender la asombrosa verdad: esos puntos críticos no eran lo que yo había pensado, sino increíbles errores. Parecía mentira que esas mentes, evidentemente bien desarrolladas, pudieran equivocarse. Desdeñé por un tiempo esa idea esperando que se me revelara la verdad.

¡Cómo me equivoqué, Dios mío! Un error tras otro. A veces los adversarios de un filósofo descubren los errores de éste y se quedan encantados con su propia inteligencia. Pero la mayoría de los errores no se descubre nunca. La filosofía es un sorprendente tejido de pensamientos agudos y equivocaciones pueriles. Se parece a esos «huesos» de goma que se dan a roer a los perros, buenos para los dientes pero de ningún valor alimenticio.

Me aventuré a sugerir que quizás no estuviese realmente en condiciones de juzgar a los filósofos.

—Al fin y al cabo —le dije—, eres demasiado joven para meterte con la filosofía. Hay muchas zonas de experiencia que no conoces.

—Por supuesto —dijo—. Por ejemplo, tengo poca experiencia sexual. Pero veo ya que el hombre comete un error cuando dice que el sexo es el móvil determinante de las actividades agrícolas. Tomemos otro ejemplo. No tengo todavía experiencia religiosa, y no sé si la tendré algún día, pero me parece indudable que la experiencia religiosa propiamente dicha no demuestra que el Sol gire alrededor de la Tierra, ni prueba que el Universo tenga como fin el desarrollo de la personalidad. Los errores de la filosofía son en general menos evidentes, pero de la misma especie.

En esta época, Juan tenía casi nueve años. Yo ignoraba que llevaba una doble vida, y que la parte oculta era un melodrama. En cierta ocasión creí vislumbrar algo, pero tan fantástico y horrible que enseguida lo descarté.

Una mañana fui a lo de Wainwright a pedir un libro de medicina. Debían de ser más o menos las once y media.

Juan, habituado a leer hasta muy avanzada la noche, y a levantarse tarde, había sido obligado a dejar la cama.

—Ven a tomar el desayuno antes de vestirte —le dijo su indignada madre—. No te lo guardaré más.

Pax me ofreció una taza de té, y ambos nos sentamos a la mesa. Al rato apareció Juan, bostezando y frotándose los ojos, con una bata sobre el pijama. Pax y yo hablábamos de todo un poco. En el curso de la conversación, Pax dijo:

—Matilde vino hoy con una historia espeluznante. —Matilde era la lavandera.— Era feliz contándomela. Dice que un vigilante fue asesinado anoche en el jardín del señor Magnate. Lo apuñalaron.

Juan no dijo nada y continuó desayunándose. Seguimos hablando y de pronto ocurrió algo que me sobresaltó. Juan se estiró para alcanzar la mantequilla dejando al descubierto una parte del brazo. En la parte interior de la muñeca tenía un rasguño de mal aspecto y cubierto de polvo. Yo estaba casi seguro de que ese rasguño no estaba allí la noche anterior. El hecho no era extraordinario, pero hubo algo más. Juan se miró el rasguño y luego me echó una rápida ojeada. Durante una fracción de segundo sus ojos se encontraron con los míos. Enseguida recogió el plato de la mantequilla. En ese momento me pareció ver a Juan, en mitad de la noche, rasguñándose el brazo al trepar por la tubería hasta su dormitorio. Y se me ocurrió que regresaba de la casa de Magnate. Me dije inmediatamente que aquello era sólo una alucinación, que Juan se interesaba demasiado en sus aventuras intelectuales para dedicarse al vagabundeo nocturno, y demasiado sensato para arriesgarse a que lo acusaran de asesinato. Pero entonces, ¿por qué esa mirada?

El crimen fue tema de conversación durante varias semanas. Recientemente se habían cometido en la vecindad algunos robos muy hábiles, y la Policía estaba tratando de descubrir al ladrón. Habían encontrado a la víctima boca arriba en un macizo de flores, con una herida de cuchillo en el pecho. Debía de haber muerto «instantáneamente», pues le habían atravesado el corazón. En la casa faltaban una gargantilla de diamantes y otras joyas valiosas. Unas huellas en el antepecho de una ventana y otras en una tubería de desagüe sugerían que el ladrón había entrado y salido por el piso superior. Luego de trepar por la tubería de desagüe, tenía que haber realizado una travesía casi inverosímil, colgado de las manos, o más bien de la punta de los dedos, a lo largo de una de las vigas ornamentales de la casa pseudo isabelina.

Se hicieron algunos arrestos, pero no se descubrió al criminal. Sin embargo, la epidemia de robos concluyó, y con el tiempo se olvidó el asunto.

Creo conveniente exponer ahora los hechos que me relató Juan mucho tiempo después, en el último año de su vida, cuando la feliz colonia no había sido descubierta por el mundo «civilizado». Yo tenía ya la intención de escribir su biografía, y el hábito de anotar enseguida cualquier incidente o conversación algo interesantes. Puedo, por lo tanto, relatar el crimen casi con las palabras de Juan.

—En aquellos días yo estaba muy confundido —me dijo Juan—. Me sabía distinto de todos los seres humanos, aunque ignoraba hasta qué punto. No sabía qué hacer con mi vida. Adivinaba, sí, que me encontraría muy pronto ante una temible alternativa, y que debía estar preparado. Además, recuerdo, yo era todavía un niño, y tenía el gusto infantil por lo melodramático, junto con una astucia y una decisión propias de un adulto.

»Quizás no comprendas mi confusión de ese entonces. Al fin y al cabo tu mente no funciona como la mía. Pero imagínatelo así si quieres: me encontraba en un mundo desconcertante. Habían creado a mi alrededor un vasto sistema de ideas y conocimiento que, yo veía con claridad, era totalmente erróneo. Aunque bastante útil desde un punto de vista práctico, como descripción del mundo era simplemente una locura. No logré en ese entonces descubrir la verdad. Era demasiado joven, y carecía de información y experiencia. Allí estaba yo, como en la oscuridad de una habitación extraña, tanteando entre objetos desconocidos. Y mientras, seguía sintiendo el frenético deseo de proseguir mi trabajo, aunque no sabía bien cuál era éste.

»Y a medida que crecía me sentía más solo, pues me entendía cada vez menos con la gente. Pax hubiese podido ayudarme, bendita sea, ya que a veces veía las cosas desde mi punto de vista. Y por otra parte tenía el buen sentido de pensar que mi mundo era un mundo real. Pero, en el fondo, era como vosotros, y no como yo. Y estabas tú, mucho más ciego que Pax, pero más de acuerdo con mi actividad.

Aquí lo interrumpí, medio en serio, medio en burla:

—Por lo menos un perro de confianza. —Juan se rió y yo agregué—: Que a veces, gracias a su devoción, logra superar su capacidad de comprensión canina.

Juan me miró sonriendo, pero no asintió como yo había esperado.

—Bueno —continuó—, estaba terriblemente solo. Vivía en un mundo de fantasmas o máscaras animadas. Nadie parecía realmente vivo. Tenía la rara impresión de que si alguien os pinchaba, no brotaría sangre sino una ráfaga de aire. Y no podía descubrir por qué erais así, ni de qué carecíais. No sabía aún en verdad qué me diferenciaba de vosotros.

»De mi perplejidad, surgieron al fin dos cosas claras. La primera y más simple: debía adquirir independencia y poder. En aquel mundo absurdo, eso significaba tener mucho dinero. En segundo término debía apresurarme a vivir toda clase de experiencias, y a estudiar con precisión mis propias reacciones ante esas experiencias.

»Me pareció, en mi puerilidad, que satisfaría ambas necesidades cometiendo algunos robos. Obtendría dinero y experiencia y podría observar cuidadosamente mis reacciones. La conciencia nada me reprochaba. El señor Magnate y sus iguales eran caza permitida.

»Empecé por estudiar la técnica del robo, en parte leyendo, en parte discutiendo el tema con un amigo, el policía a quien luego tuve que matar. Emprendí asimismo algunas incursiones sin consecuencias por el vecindario. Entraba de noche en una casa tras otra y, después de ubicar los pequeños tesoros que contenían, volvía a acostarme sin tocarlos, satisfecho de mis progresos.

»Por fin me sentí preparado. En la primera casa recogí algunas joyas antiguas, cuya falta, pensaba, no sería advertida durante algún tiempo. Luego empecé a robar joyas modernas, dinero, platería. No encontraba dificultades en apoderarme de los objetos; mucho más complicado era deshacerse de ellos. Llegué a un arreglo con el sobrecargo de una nave de ultramar. Con intervalos de varias semanas, el hombre venía a su casa, en nuestro suburbio, y compraba el producto de mis robos. En los puertos extranjeros obtenía sin duda diez veces más de lo que me pagaba. Al mirar hacia atrás, comprendo que tuve suerte, pues aquel tráfico pudo terminar en un desastre. No hubiera sido difícil para la Policía descubrir al sobrecargo. Yo sabía entonces muy poco de la sociedad para comprender el peligro.

»Bueno, las cosas marcharon bien durante varios meses. Robé en docenas de casas y reuní varios cientos de libras. Pero, naturalmente, el barrio estaba muy exaltado por esa epidemia de saqueo. Me vi obligado a extender mis operaciones a otros distritos para distraer la atención de la Policía. Era evidente que si seguía así acabarían por sorprenderme, pero yo había caído en las manos de mi propio juego. Tenía una sensación de poder e independencia. Especialmente, independencia de este mundo absurdo.

»Me prometí tres aventuras finales. La primera, la única que llevé a cabo, fue el robo en casa de Magnate. Estudié cuidadosamente el terreno y me informé con exactitud de los movimientos de la Policía. Esa noche todo marchó de acuerdo con mis planes hasta que, con los bolsillos hinchados de diamantes y perlas (la señora de Magnate con todos sus adornos debía de parecerse a la reina Isabel), inicié el regreso colgado de la viga. De pronto una linterna me enfocó desde abajo y una voz tranquila dijo: «Esta vez te pesqué, muchacho». No dije nada, pues reconocí la voz y no quise que reconocieran la mía. El vigilante era Smithson, mi amigo, el que me había enseñado involuntariamente tantas cosas.

»Me quedé inmóvil pensando, cara a la pared. Pero era inútil tratar de ocultar mi identidad, pues el policía agregó: «Baja, Juan, o te caerás y te romperás una pierna. Lo has hecho muy bien, pero esta vez has perdido».

»Debí de quedarme allí, inmóvil, a lo sumo tres segundos, pero en ese momento me vi a mí mismo y vi el mundo como por primera vez. La idea que había estado creciendo dentro de mí, y que yo no había aceptado del todo, se me apareció de pronto con una claridad y una certeza absolutas. Yo pensaba ya que no pertenecía a la especie del Homo Sapiens, la especie del amistoso sabueso de la linterna. Pero entonces comprendí que esta diferencia implicaba lo que llamaré una diferencia espiritual muy profunda, puesto que mis fines y mis actos debían diferenciarse de todo lo que podía concebir la especie normal. Me encontraba en el umbral de un mundo inaccesible para esos mil seiscientos millones de animales que entonces gobernaban el planeta. El descubrimiento me hizo sentir, tal vez por primera vez en la vida, lo que era el miedo. Comprendí que ese juego del robo no tenía sentido, y que me había estado conduciendo como una criatura de la especie inferior. No podía arriesgar mi futuro y algo mucho más valioso que mi propio éxito por un modo fácil de expresión personal. Si aquel amable sabueso me prendía, yo perdería mi independencia. Quedaría marcado, y en las garras de la ley. Eso no podía ser. Con aquellas escapadas infantiles me había preparado ciegamente para una vida que por fin surgía con cierta claridad ante mis ojos. Mi destino era el de promover el progreso del espíritu en el planeta. Esa frase me iluminó. Y, aunque en aquel momento sólo tenía una idea muy vaga acerca del espíritu y su posible progreso, comprendí que mi tarea práctica consistiría en adoctrinar a la especie común para que revelara lo mejor de sí misma o, si eso era imposible, en fundar un tipo humano superior.

»Éstos fueron mis pensamientos mientras colgaba de la viga iluminado por la linterna del pobre Smithson. Si escribes alguna vez esa biografía con que me amenazas, te costará hacer creer a los lectores que yo, un niño de nueve años, pensase así en circunstancias semejantes. Además, por supuesto, serás incapaz de expresar el verdadero carácter de mi actitud. Ella implica una experiencia fuera de tu alcance.

»Durante algunos segundos pensé con desesperación en la posibilidad de evitar la muerte a aquella fiel criatura. Me cedían los dedos. Con un último esfuerzo llegué a la tubería y empecé a descender. A mitad de camino me detuve. «¿Cómo está su señora?» pregunté. «Mal», me contestó Smithson. «Apresúrate, que quiero volver a casa». Eso empeoraba las cosas. ¿Cómo podía hacerlo? Bueno, no había otra solución. Pensé suicidarme, y salir así de todo aquello. Pero no pude: hubiese sido traicionar la misión de mi vida. Pensé en aceptar a Smithson y la ley; pero eso también hubiese sido una traición. Debía matarlo. Había sido arrastrado por mi puerilidad, y ahora debía cometer ese crimen que odiaba. No había alcanzado aún la época en que se lleva a cabo gustosamente todo acto necesario. Sentí de nuevo, con mayor fuerza, la violenta repugnancia que me sobrecogió años antes cuando debí matar una rata. Era una ratita que yo había domesticado, recordarás, y que sacaba de quicio a las sirvientas.

»Smithson tenía que morir. Me esperaba al pie de la tubería. Fingí resbalar, y apoyando un pie en la pared, tomé impulso y caí sobre él haciéndole perder el equilibrio. Rodamos por el suelo. Con la izquierda tomé la linterna y con la derecha saqué mi cuchillo de scout. No desconocía la ubicación del corazón humano y clavé el cuchillo con todas mis fuerzas. Smithson me rechazó con un espasmo frenético, y dejó de moverse.

»Todo esto había hecho bastante ruido, y oí crujir una cama en la casa. Miré un instante los ojos abiertos y la boca de Smithson. Saqué el cuchillo y salió de la herida un chorro de sangre.

La narración de Juan me demostró qué poco sabía yo entonces de su verdadero carácter.

—Debes de haberte sentido bastante mal mientras volvías a tu casa —dije.

—En realidad no fue así —respondió—. La sensación desagradable desapareció tan pronto como tomé mi decisión. Y no fui directamente a casa. Fui a la casa de

Smithson, dispuesto a matar a su mujer. Sabía que estaba enferma de cáncer, y que la muerte de su marido aumentaría sus sufrimientos. Decidí por lo tanto correr un nuevo riesgo y aliviarla de sus penas. Cuando llegué allí, encontré la casa iluminada. La señora Smithson pasaba evidentemente una mala noche, de modo que tuve que renunciar a mis planes, pobre mujer. Ni siquiera eso llegó realmente a conmoverme. Quizá piensas que me salvó la insensibilidad de la infancia. Tal vez, aunque yo tenía una idea muy clara de lo que sufriría Pax si perdía al doctor. Lo que me salvó en verdad fue una especie de fatalismo. Lo que debe ser, debe ser. No lamentaba mis locuras. El yo que había cometido esas locuras era incapaz de comprender su propia tontería. Mi nuevo yo la comprendía en cambio muy claramente y estaba ansioso por enmendarse, pero no sentía vergüenza ni remordimientos.

Ante esta confesión sólo pude articular una respuesta:

—¡Juan Raro!

Luego pregunté a Juan si no había temido que lo detuviesen.

—No —dijo—. Si me sorprendían, me sorprendían. Pero yo había hecho mi trabajo con toda la eficiencia posible. Usé guantes de goma y dejé varias huellas falsas, merced a un ingenioso instrumento de mi invención. La única preocupación seria era el sobrecargo, a quien le vendí fragmentariamente el botín durante un período de varios meses.

6

VARIAS INVENCIONES

Aunque ignoraba entonces que Juan era el culpable del crimen, noté que cambiaba. Se hizo menos comunicativo y se aisló en cierto modo de sus amigos jóvenes y adultos, aunque, simultáneamente, parecía más considerado, y hasta amable. Digo en cierto modo porque, aunque menos dispuesto a hablar de sí mismo, y más aficionado a la soledad, buscaba en algunos momentos la compañía humana. Podía ser el más simpático de los compañeros, el amigo a quien se cuentan esas esperanzas y secretos temores que uno no se confesaría a sí mismo. Un día, por ejemplo, descubrí con sorpresa, influido por la presencia de Juan y mi propio esfuerzo para explicarme, que cierta joven parecida a Pax había llegado a atraerme sobremanera y, además, que una oscura sensación de lealtad hacia Juan me había impedido reconocer estos lazos. Comprender la fuerza del afecto que me unía a Juan me sorprendió más que descubrir mis sentimientos hacia la muchacha. Sabía muy bien que Juan me interesaba profundamente, pero había ignorado hasta entonces las dimensiones y la sutileza de los tentáculos con que me había envuelto aquel curioso niño.

Mi reacción fue una rebelión violenta y atemorizada. Me jacté ante Juan de la atracción sexual que la muchacha despertaba en mí, y que él mismo me había señalado, y ridiculicé la idea de que yo pudiera ser psicológicamente su prisionero. —Bueno, ten cuidado —me dijo Juan—. No quiero que arruines tu vida por mí. Era inverosímil hablar así con un chico de menos de diez años y me desesperaba sentir que sabía más de mí que yo mismo. Porque, a pesar de mi negativa, Juan tenía razón.

Al mirar hacia atrás, comprendo que el interés que Juan me demostraba se debía, por una parte, a su curiosidad por una relación para él todavía inaccesible, y, por otra, a un sincero cariño por un viejo conocido y la necesidad de entender todavía más a quien quería utilizar para sus propios fines. Es evidente que se proponía utilizarme, y que no permitiría que yo me liberase. Deseaba que mi relación con la muchacha parecida a Pax siguiese su curso, no sólo porque como amigo mío participaba de mis problemas, sino también porque de abandonarla por él me convertiría en un esclavo vengativo antes que voluntario. Prefería, me imagino, que su servidor fuese un perro libre y no un lobo encadenado y hambriento.

Sus sentimientos hacia los individuos de la especie humana que, en tanto que especie, despreciaba de todo corazón, eran una extraña mezcla de respeto y desdén, afecto y desagrado. Despreciaba nuestra estupidez y nuestra debilidad; respetaba los esporádicos esfuerzos con que tratábamos de superar nuestra incapacidad natural. Aunque nos utilizara para sus propios fines, con un aire ausente y calmo, también podía, cuando el destino o nuestra propia locura nos ponían en dificultades, ayudarnos con sorprendente humildad y devoción.

Su creciente capacidad para relacionarse con miembros de la especie inferior se revelaba misteriosamente en su extraordinario afecto por una niña de seis años. La casa de Judy era vecina de la de Juan. La niña había llegado a considerarlo como de su propiedad exclusiva. Juan jugaba cuidadosamente con ella, la ayudaba a trepar a los árboles, le enseñó a nadar y patinar. Le narraba cuentos fabulosos y le explicaba, pacientemente, los humildes chistes de las historietas. Dibujaba para deleite de Judy escenas de batallas, crímenes, naufragios y erupciones volcánicas. Le arreglaba los juguetes; le reprochaba su tontería o elogiaba su vivacidad, según lo exigiera la ocasión. Si alguien era poco amable con ella, Juan la defendía. En todos los juegos colectivos se aceptaba tácitamente que Juan y Judy debían estar del mismo lado. A cambio de la devoción de Juan, la niña lo molestaba y se reía de él llamándolo estúpido sin demostrar el menor respeto por sus maravillosos poderes. A veces, sin embargo, le regalaba los preciosos resultados de sus clases de trabajo manual en la escuela.

—¿Por qué quieres tanto a Judy? —le pregunté una vez a Juan.

—Judy está hecha para que la quieran. Es imposible no querer a Judy — respondió prontamente imitando la voz infantil de la niña. Luego de una pausa, agregó—: Quiero a Judy como quiero a las aves marinas. Hace sólo cosas fáciles, pero las hace con estilo. Judy es Judy, tan completa y perfectamente como un pato es un pato. Si hiciese un día las cosas de los adultos tan bien como hace hoy las cosas infantiles, sería una mujer maravillosa. Pero no las hará. Cuando tenga que emprender tareas difíciles, arruinará su estilo, como todos vosotros. Es una lástima. Pero mientras tanto, es Judy.

—¿Y tú? —dije—. ¿No perderás tu estilo?

—Todavía no he encontrado mi estilo —contestó—. Estoy tanteando y ya he arruinado muchas cosas; pero cuando lo encuentre... bueno, ya veremos. Por supuesto —agregó—, tal vez los adultos sean tan agradables para Dios como Judy para mí. Supongo que Dios no quiere que mejoren su estilo. A veces yo mismo lo pienso. Siento que esa falta de estilo es parte esencial de lo que son. Algo realmente fascinante. Pero creo que Dios espera algo distinto de mí; o, dejando de lado el mito de Dios, yo espero algo diferente de mí.

Pocas semanas después del crimen, Juan comenzó a interesarse, de un modo sorprendente, por una esfera muy doméstica: la administración del hogar. Solía pasarse hasta una hora siguiendo a Marta, la criada, mientras ésta se dedicaba a sus tareas matinales, y observando las operaciones culinarias. Para entretener a Marta, lanzaba un río de charla compuesto de escándalo, humor fácil y bromas sobre «sus amigos masculinos». Dedicaba la misma atención minuciosa, aunque acompañada de otra clase de conversación, a los trabajos de Pax en la despensa, la bodega o el cuarto de costura. A veces interrumpía la charla para decir:

—¿Por qué no lo haces de esta otra manera?

Las respuestas de Marta a estas sugerencias variaban desde un altanero desdén hasta una airada aceptación, según su estado de ánimo. Pax invariablemente atendía con seriedad la nueva idea, aunque a veces protestaba:

—Pero si de esta manera lo hago muy bien, ¿por qué molestarse?

Sin embargo, adoptaba casi siempre las mejoras con una curiosa sonrisa que tanto podía significar orgullo materno como indulgencia.

Poco a poco Juan introdujo en la casa una cantidad de cambios destinados a ahorrar trabajo. Desplazó los estantes hasta colocarlos al alcance de un brazo normal, alteró el nivel de la carbonera, reorganizó la despensa y el cuarto de baño. Intentó introducir sus métodos en el laboratorio, sugiriendo nuevos modos de limpiar los tubos de ensayo, esterilizar instrumentos y conservar drogas; pero después de unas pocas tentativas abandonó esta actividad, porque como él decía:

—Al doctor le gusta ensuciarse los dedos a su manera.

A las dos o tres semanas, el interés de Juan por la economía doméstica se desvaneció. Sólo de cuando en cuando prestaba atención a ciertos problemas particulares. Pasaba la mayor parte del tiempo fuera de la casa, leyendo a orillas del mar. Cuando avanzó el otoño y comenzamos a preguntarnos cómo se protegería del frío, nos pareció que se aficionaba a las largas caminatas solitarias. Empleaba también mucho tiempo en excursiones a la ciudad vecina.

—Voy a pasar el día en la ciudad a ver una gente que me interesa —nos anunciaba, y a la tarde volvía cansado y absorto.

A fines del invierno, Juan, que ahora tenía diez años, me confió sus sorprendentes operaciones comerciales de los últimos seis meses. En la mañana de un desagradable domingo —las ventanas estaban tapizadas de escarcha—, me invitó a salir a caminar. Rehusé con indignación.

—Ven —insistió—. Te vas a divertir. Quiero mostrarte mi taller. Lentamente guiñó uno de sus enormes ojos y luego el otro.

Cuando llegamos a la playa mi impermeable dejaba filtrar el agua. Maldije a Juan y me maldije a mí mismo. Marchamos pesadamente por la arena hasta, un sitio en que las afiladas rocas de arcilla se convertían en una ladera no muy abrupta, pero cubierta de arbustos espinosos. Juan se arrodilló y se metió gateando entre los arbustos. Se suponía que yo debía seguirlo. Pero me fue imposible pasar por donde Juan, más menudo, había entrado con facilidad. Luego de unos pocos metros, no pude seguir adelante, y las espinas me pinchaban por todos los lados. Riéndose de mi aspecto y mis maldiciones, Juan se volvió y me abrió paso con el cuchillo, el mismo, sin duda, con que había matado al policía. Después de unos diez metros el sendero se abrió en un claro en la ladera. Al fin pude incorporarme, y protesté:

—¿A esto llamas taller?

—Levanta eso —respondió Juan, riéndose, y señalando una plancha de hierro acanalado, abandonada sobre la ladera. Un extremo estaba enterrado bajo un montón de basura. La parte visible tenía aproximadamente un metro cuadrado. Alcé unos centímetros la punta libre, me corté los dedos con el afilado borde oxidado, y solté una palabrota.

—Ni pienso molestarme —dije—. Haz tú mismo este sucio trabajo, si quieres.

—Claro que no te molestarás —contestó—. Ni tú ni nadie que encuentre la chapa. Metió la mano bajo las puntas sueltas y desenredó unos alambres oxidados. La plancha se levantó fácilmente y se abrió como una puerta trampa en la ladera. Vi un agujero negro circundado por tres grandes piedras. Juan se metió gateando y me dijo que lo siguiese. Antes tuvo que retirar una de las piedras. Me encontré en una cueva baja, iluminada por la linterna de Juan. ¡Así que éste era su taller! Evidentemente había sido abierto en la roca arcillosa y revestido de cemento. Gruesos tablones cubrían el techo apuntalado con postes de madera.

Juan encendió una lámpara de acetileno que colgaba de la pared.

—El aire exterior entra por un tubo y el humo sale por otro —comentó—. Hay además un sistema de ventilación independiente. —Y señalando una docena de huecos en la pared, añadió—: Tuberías de desagüe. Estas tuberías son comunes en la costa. Se usaban en otro tiempo para desagotar los campos y solían verse a menudo cuando los peñascos se derrumbaban.

Guardé silencio unos minutos estudiando la cueva. Juan me miraba con una sonrisa de infantil satisfacción. Vi un banco de carpintero, un pequeño torno, una lámpara de soldar y montones de herramientas. En la pared del fondo había unos estantes con diversos objetos. Juan tomó uno y me lo alcanzó.

—Éste es uno de mis últimos inventos —dijo—. El más perfecto devanador de lana del mundo. Se colocan los vellones en esta horquilla y un extremo de la lana en la ranura. Luego se mueve así la palanca y se obtiene una suave madeja de lana. Todo hecho de hoja de aluminio, y con unas pocas agujas de tejer también de aluminio.

—Muy ingenioso —dije—, pero ¿para qué te sirve?

—¡Cómo para qué, tonto! Voy a patentarlo y vender la patente. Luego me mostró una chaqueta de cuero y dijo:

—Esto es un bolsillo separable e irrompible para niños. Y también para grandes, si tuviesen bastante sentido común como para usarlo. El bolsillo se ajusta a esta tira en forma de L. Cada par de pantalones tendrá una tira como ésta sólidamente cosida, de modo que uno tendrá un par de bolsillos para todos los pantalones y no deberá molestarse en vaciar los bolsillos al cambiar de ropa, ni mamá en remendarlos. Tampoco perderá uno sus tesoros pues cierran perfectamente. Así.

Ni siquiera mi interés por la sorprendente iniciativa de Juan, tan infantil y tan brillante, impidió que me sintiese helado por la humedad ambiente. Me quité el impermeable y dije:

—¿No te congelas trabajando aquí en invierno?

—Caliento la cueva con este aparato —dijo Juan, señalando una pequeña estufa de petróleo con un tubo que atravesaba la habitación y se introducía en el muro. Procedió a encenderla y colocó una cafetera encima, diciendo:

—Tomemos un poco de café.

Luego me mostró un aparato para barrer los rincones. Del extremo de una empuñadura tubular surgía un cepillo parecido a un tirabuzón sin punta. Para hacerlo girar bastaba empujarlo contra el rincón. En el interior del mango había una muesca en espiral, y el mecanismo funcionaba como un lápiz automático.

—Creo que mi último invento me dará más dinero que ningún otro, pero es muy difícil fabricarlo a mano.

El artículo que Juan me mostraba estaba destinado a convertirse en uno de los inventos más populares y útiles relacionados con la ropa. Se difundió luego ampliamente por Europa y América. La mayoría de las ingeniosas y lucrativas invenciones de Juan tuvieron éxito, tanto que todos los lectores han de estar familiarizados con ellas. Podría mencionar algunas, pero por razones privadas, relacionadas con la familia de Juan, no debo hacerlo. Sólo diré que, salvo una mejora universalmente adoptada en el tránsito de las carreteras, trabajó siempre en los objetos destinados a aliviar el trabajo doméstico. Lo más sobresaliente de la carrera de Juan como inventor era su habilidad para producir no sólo éxitos sensacionales y esporádicos sino una corriente regular de objetos útiles. Por consiguiente, la descripción de algunos éxitos menores y algunos interesantes fracasos daría una falsa impresión de su genio. El lector ha de completar este magro informe con su imaginación. Bastará con que recuerde al usar alguna de esas eficaces contribuciones a la comodidad moderna, que bien puede haber sido creada por el niño superhombre en su cubil subterráneo.

Durante un rato Juan continuó mostrándome sus inventos. Puedo mencionar un cortador de perejil, un limpia legumbres, diversos aparatitos para usar viejas hojas de afeitar como sacapuntas, tijeras, etc. Había otros que nunca serían populares, como un invento sorprendentemente eficaz para ahorrar tiempo y molestias en el váter. El mismo Juan tenía dudas acerca de algunos inventos, incluso el bolsillo separable.

—Lo malo —decía— es que por buenas que sean mis invenciones, tal vez el

Homo Sapiens tenga demasiados prejuicios para usarlas. Supongo que se aferrará a sus bolsillos sucios.

El agua hervía, de modo que preparó el café y sacó a relucir una magnífica tarta, obra de Pax.

Mientras bebíamos y comíamos le pregunté cómo mantenía su taller.

—Todo lo he pagado —me dijo Juan—. Conseguí un poco de dinero. Algún día te contaré cómo. Pero necesito más, y lo tendré. Sí, lo tendré.

—Has tenido suerte en encontrar esta cueva —dije.

—¿Encontrarla? —Juan se rió—. La hice. La cavé con un pico, una azada y mis manos blancas. —En este momento extendió una mano fuerte y nervuda hacia los bizcochos—. Fue un trabajo de todos los diablos, pero me templó los músculos.

—¿Cómo transportaste los materiales? El torno, por ejemplo.

—Por mar, naturalmente.

—¡Pero no en la canoa! —exclamé.

—Envié todo a X —dijo Juan mencionando un puerto pequeño de la otra orilla del estuario—. Hay allí un hombre que actúa como agente mío en asuntos de esta índole. Lo tengo en mis manos, pues sé acerca de él ciertas cosas que no desea que conozca la Policía. Bueno, una noche descargó los cajones de las piezas en la playa, mientras yo distraía un cúter del Club Náutico y recogía el material. Hubo que esperar a la marea alta, y el tiempo era horrible. Transportar el material hasta la caverna casi acaba conmigo, aunque los cajones eran pequeños. Y apenas tuve tiempo de devolver el cúter al embarcadero antes del alba. Gracias a Dios, todo terminó. Sírvete otra taza, ¿quieres?

Mientras bebíamos junto a la estufa discutimos mi papel en el absurdo proyecto de Juan. Al principio aquello me pareció asunto de burla, pero el diabólico poder de persuasión de Juan por un lado, y los éxitos que ya había logrado por otro, me llevaron a aceptar el plan.

—Ya ves —dijo—, hay que patentar todo esto y vender las patentes a los fabricantes. Sería disparatado que una criatura como yo entrevistase a agentes de patentes y hombres de negocios. Ahí es donde intervienes tú. Ofrecerás estas cosas bajo tu nombre y a veces bajo nombre falso. No quiero que las gentes sepan que todas provienen de un solo cerebrito.

—Pero Juan —contesté—, no tendré éxito. No sé nada de este asunto.

—Todo irá bien —me explicó—. Te diré exactamente lo que debes hacer en cada caso, y si cometes errores, no tiene importancia.

La asociación que Juan había proyectado tenía una rara característica: aunque podíamos manejar grandes sumas de dinero no haríamos ningún arreglo comercial previo. Ni siquiera sobre la partición de los beneficios y ganancias. Sugerí un contrato escrito, pero Juan desechó la idea con un gesto desdeñoso.

—Mi querido —dijo—, ¿cómo podría pleitear contigo sin salir del anonimato, cosa que no quiero hacer bajo ningún concepto? Además, sé muy bien que mientras te mantengas sano física y mentalmente podré confiar enteramente en ti. Y lo mismo ocurrirá conmigo. Éste será un trato amistoso. Puedes tomar lo que quieras de los beneficios apenas se produzcan. Apuesto mi cabeza a que ni siquiera tomarás la mitad de lo que ganes. Naturalmente, si empiezas a llevar a tu chica a tomar fresco a la Riviera en avión todos los fines de semana, tendremos que regularizar las cosas. Pero no lo harás.

Hablé de la conveniencia de una cuenta bancaria.

—Oh —dijo—, he mantenido una cuenta en la rama londinense del Banco de... Pero tendrás que desenvolverte en la mayoría de los casos con tu propio banco para que yo pueda permanecer en la sombra. Estos inventos no saldrán como míos sino como tuyos y de una serie de personas imaginarias. Tú eres su agente.

—Pero —protesté—, ¿no ves que así me das unos poderes excesivos? Supón que me limite a usarte.

Supón que se me suba a la cabeza el gusto del poder y cope el negocio. No soy más que un Homo Sapiens, no un Homo Superior.

Por una vez pensé en mi interior que, después de todo, Juan no era tan superior. Juan rió encantado ante mi observación, pero dijo:

—Mi querido, no lo harás. Claro que no. Me resisto a hacer arreglos comerciales. Sería demasiado sapiens. Nunca podríamos confiar el uno en el otro. Quizá te engañe, pero sólo para divertirme.

—Bueno —suspiré—, llevarás las cuentas y verás cómo anda el dinero.

—¿Cuentas? ¿Para qué diablos quiero las cuentas? Las llevo en mi cabeza, pero nunca les doy un vistazo.

7

AVENTURAS FINANCIERAS

A partir de ese momento mi propio trabajo se vio seriamente impedido por las crecientes obligaciones que suponía la empresa comercial de Juan. Pasé gran parte del tiempo viajando por el país, visitando agentes de patentes y fabricantes. Juan me acompañaba a menudo. Yo lo presentaba siempre como «un joven amigo que quisiera ver el interior de la fábrica». Se enteraba de esta manera del poder y las limitaciones de los diferentes tipos de máquinas, lo que le permitía producir inventos de fácil fabricación.

En una de estas expediciones vi por primera vez que había en Juan una laguna, lo que yo llamaba su punto débil. Me acercaba a los industriales con la penosa impresión de que podían hacer de mí lo que quisieran. Me salvaba del desastre el consejo de los agentes de patentes que, interesados en general por toda manifestación científica, estaban de nuestro lado, no sólo por deber profesional, sino también por simpatía. Pero muy a menudo el fabricante se las arreglaba para vérselas directamente conmigo, y en muchas de estas ocasiones fui duramente perjudicado. No obstante, logré desarrollar con el tiempo cierta facilidad para enfrentarme con el mundo de los negocios. Juan, por otra parte, parecía incapaz de creer que esta gente estuviese en realidad menos interesada en producir artículos ingeniosos que en explotarnos, a nosotros y a todos los demás. Sabía que así era, y tenía el mismo desprecio por la moral del Homo Sapiens que por su inteligencia. Pero no podía terminar de comprender que los hombres fueran en realidad tan tontos, hasta el punto de interesarse en hacer dinero como si se tratase de un juego de destreza. Como cualquier otro muchacho apreciaba la emoción de vencer a un adversario, y la emoción del triunfo en sus inventos. Pero la competencia industrial no tenía para él ningún interés, y necesitó de numerosas y amargas experiencias para entender cuánto significaba para la mayoría de los hombres. Aunque se había lanzado él mismo a una gran aventura comercial, nunca sintió la fascinación de los negocios como tales. Podía compartir casi todas las pasiones primitivas e instintivas del hombre, pero las manifestaciones más artificiales de esas pasiones y, en particular, los apetitos del individualismo económico no encontraban eco en él. Por supuesto, con el tiempo aprendió a prever tales pasiones y llegó a utilizarlas en provecho propio. Pero miraba el mundo comercial con un desprecio digno a veces de un niño, y a veces de un filósofo. Estaba, al mismo tiempo, por debajo y por encima de ese mundo.

En la primera fase de la vida comercial de Juan, tuve que interpretar por lo tanto el papel de empedernido hombre de negocios. Desgraciadamente, como ya he dicho, yo mismo estaba muy mal preparado para la tarea, y al principio nos desprendimos de algunos buenos inventos por un precio que, descubrimos luego, era cómicamente inadecuado.

Pero a pesar de los primeros desastres, tuvimos en general un éxito sorprendente. Lanzamos veintenas de ingeniosos accesorios que han sido desde entonces universalmente reconocidos como imprescindibles en la vida moderna. El público notó la abundancia de invenciones menores que demostraban, según se decía, un nuevo florecer de la capacidad humana después de la guerra.

Entretanto nuestra cuenta bancaria crecía a saltos, y nuestros gastos eran mínimos. Cuando sugerí la instalación de un taller a mi nombre, Juan no aceptó. Esbozó diversos argumentos no muy convincentes. Concluí que estaba decidido a aferrarse a su cueva por amor infantil al sensacionalismo. Pero luego me confesó la verdadera razón y me horroricé.

—No —dijo—, todavía no debemos hacer gastos. Vamos a especular en la bolsa. Nuestro activo debe multiplicarse por cien, y luego por mil.

Protesté. Dije que nada sabía de finanzas, y que podíamos perder cuanto teníamos. Me aseguró que él había estado estudiando, y que ya tenía en la cabeza algunos planes.

—Juan —le dije—, no puedes hacerlo. En ese campo la inteligencia sola no basta. Para conocer el movimiento bursátil se necesita toda una vida. Y, además, aquí cuenta sobre todo la suerte.

De nada valieron mis argumentos. Al fin y al cabo Juan tenía buenas razones para fiarse de su propio criterio y no del mío. Y me probó que había estudiado seriamente el tema en los periódicos financieros y congraciándose con los agentes de cambio locales en los trenes que iban a la ciudad. Había dejado muy atrás al niño ingenuo que en su día entrevistara al señor Magnate, pero gustaba aún de hacer hablar a la gente.

—Ahora o nunca —dijo—. Estamos en un período de prosperidad, inevitable después de la guerra, pero dentro de unos años habrá tal crisis que la gente dudará del destino de la civilización.

Me reí de su seguridad y me endilgó una conferencia sobre economía y el estado de la sociedad occidental que ocho o diez años después sería tópico común de expertos en cuestiones sociales. Al terminar su discurso, Juan dijo:

—Invertiremos la mitad del capital en la industria liviana inglesa (motores, electricidad), que progresará con rapidez, comparativamente. El resto lo emplearemos en especulaciones.

—Lo perderemos todo, supongo —respondí. Luego ensayé otra línea de ataque

—. Y por otra parte, esto de hacer dinero, ¿no es demasiado trivial para el Homo

Superior? Creo que te ha picado el bichito de la especulación. Quiero decir, ¿qué pretendes realmente?

—Está bien, Fido —respondió. Alrededor de esta época empezó a llamarme con ese sobrenombre. Cuando protesté, me aseguró que el nombre provenía de Φαίδω, palabra griega que significaba «brillante»—. Está bien. No temas; no he perdido la cabeza. No me interesan las finanzas en sí, pero en el mundo del Homo Sapiens no hay nada mejor para obtener poder, es decir dinero. Y necesito dinero. No rezongues. Hemos tenido un buen comienzo, pero es sólo un comienzo.

—¿Y qué hay del «progreso del espíritu», como tú dices?

—Eso es la meta, desde luego; pero pareces olvidar que soy sólo un niño, y muy atrasado. Debo hacer ante todo aquello que está a mi alcance. Es decir, prepararme, obteniendo a) experiencia, y b) independencia. ¿Comprendes?

Evidentemente, así debía de ser. Pero acepté actuar como agente financiero de Juan de muy mala gana; y cuando insistió, contra mi consejo, en realizar algunas especulaciones arriesgadas, empecé a decirme que había sido un tonto al no tratarlo como lo que era en realidad, sólo un niño brillante.

Las operaciones financieras de Juan no ocuparon su atención del mismo modo que sus inventos. Pronto sus actividades se subordinaron al estudio de la sociedad humana y a las absorbentes relaciones personales de su adolescencia. Había cierto desinterés en su trato comercial que me resultaba exasperante, y aunque la mayor parte de nuestra fortuna común estaba a mi nombre, no me podía decidir a actuar sin su consentimiento.

En los primeros seis meses de esta aventura nuestras pérdidas superaron a nuestras ganancias. Al fin Juan comprendió que por este camino lo perderíamos todo. Después de oír el relato de un desastre particularmente grave tuvo una de sus memorables salidas.

—Caramba —exclamó—, quiere decir que debo ocuparme con más seriedad de este condenado asunto... ¡y hay tantas cosas que hacer, y que a la larga serán mucho más importantes! Veo que me va a resultar tan difícil derrotar al Homo Sapiens en el juego de las finanzas, como a éste derrotar a los monos en sus piruetas. El cuerpo humano no está equipado para vivir en la selva, y quizás mi mente no esté equipada para la selva de los asuntos financieros. Pero me las arreglaré de algún modo, así como el Homo Sapiens se las arregla para hacer piruetas.

Cuando por falta de experiencia Juan cometía un grave error, nunca trataba de ocultarlo. En una ocasión narró con una despreocupación absoluta, sin excusarse ni avergonzarse, cómo él, tan superior intelectualmente a todos los hombres, había sido engañado por un vulgar estafador. Una de sus amistades comerciales había supuesto que el interés del muchacho por la especulación no era totalmente espontáneo, y que, presumiblemente, algún capitalista adulto lo estaba utilizando como espía. Este individuo comenzó a tratar a Juan con gran amabilidad y a charlar con él acerca de sus actividades rogándole encarecidamente el mayor secreto. De esta manera el Homo Superior fue engañado por el Homo Sapiens. Juan insistió en que yo invirtiese grandes sumas de dinero en asuntos recomendados por su amigo. Al principio me negué, pero Juan tenía la seguridad de que íbamos a obtener grandes beneficios, y por fin accedí. No necesito relatar la historia de estas desastrosas especulaciones. Baste decir que perdimos todo lo que habíamos arriesgado y que el amigo de Juan desapareció.

Después de este desastre interrumpimos nuestras especulaciones. Juan pasaba gran parte del tiempo fuera de su casa y también de su taller. Cuando le pregunté en qué se ocupaba, me contestó:

—Estudio finanzas —pero se negó a ampliar la información.

En este período empezó a perder la salud. La digestión, su punto débil, le causaba diversos trastornos, y se quejaba de dolores de cabeza. Llevaba evidentemente una vida malsana.

Empezó a dormir fuera de su casa. Su padre tenía parientes en Londres y Juan los visitaba cada vez más a menudo. Pero los parientes no toleraron mucho tiempo su independencia. Desaparecía todas las mañanas y volvía muy tarde a la noche, o al día siguiente, negándose a dar cuenta de sus actos. En consecuencia, las visitas debieron terminar. Pero entre tanto Juan había aprendido que durante el verano, y a pesar de la Policía, podía llevar en la capital la vida de un gato abandonado. A sus padres les dijo que conocía un hombre que tenía un apartamento y que le permitía ir a dormir no importaba cuándo. En realidad, como supe mucho después, solía dormir en los parques o bajo los puentes. También supe en qué andaba. Mediante una serie de ardides se las había arreglado para ponerse en contacto con varios grandes financieros de Londres, a quienes cautivó y divirtió. Sin la menor dificultad estudiaba sus pensamientos antes que lo devolvieran en coche con una nota a casa de sus parientes, o le pagaran el viaje de vuelta en tren, enviando una carta a los padres por correo.

He aquí una muestra de las cartas que tanto perturbaron al doctor y a Pax:

Estimado señor:

La gira ciclística de su hijo llegó a un fin imprevisto ayer a la tarde, cerca de Guilford, a causa de un choque con mi auto. El muchacho admite plenamente su culpa. No sufrió herida alguna, pero la bicicleta quedó en un estado que no admite arreglos. Como era tarde lo llevé a mi casa a pasar la noche. Lo felicito por tener un hijo admirable cuya precoz pasión por las finanzas me hizo pasar una amable velada. Mi chofer lo pondrá en el tren de las 10.26 de la mañana en Euston. Le telegrafiaré cuando parta.

Atentamente suyo

(Firmado por un personaje cuyo nombre es mejor no divulgar).

Tanto los padres de Juan como yo conocíamos esa gira ciclística, pero creíamos que se había dirigido al norte de Gales. El hecho de que el accidente hubiese ocurrido tan pronto, en Surrey, demostraba que había llevado la bicicleta en tren. De más está decir que Juan no volvió en el tren de las 10.26. Se libró del chofer aprovechando la confusión del tráfico y saltando del automóvil. Esa noche fue huésped de otro financiero. Si no recuerdo mal, llegó a la casa, ya entrada la noche, con la historia de que él y su madre estaban alojados en la vecindad, que se había perdido y había olvidado la dirección. Como las investigaciones policiales no pudieron descubrir el paradero de la madre lo alojaron esa noche y la noche siguiente en casa del financiero, es decir, el sábado y el domingo. No dudo que aprovechó bien el tiempo. El lunes a la mañana, cuando el importante hombre de empresa salió a atender sus negocios, Juan desapareció.

Después de algunos meses dedicados en parte a esas aventuras y en parte a sesudos estudios sobre finanzas, economía política y evolución social, Juan se creyó preparado para reanudar la acción. Previendo el escepticismo que me inspirarían sus planes operó con dinero puesto a su nombre y no me dijo nada hasta que seis meses después mostró los resultados: una considerable suma de dinero.

Con el tiempo, fue evidente que dominaba los secretos de las especulaciones financieras como había dominado anteriormente la matemática. Ignoro qué principios guiaban su actividad, pues dejé de participar en sus tratos comerciales salvo cuando, como agente suyo, debía realizar alguna entrevista. Recuerdo que una vez me dijo:

—Al fin y al cabo, la especulación no es tan difícil. Basta conocer los hechos y el mecanismo de la distribución del dinero en el mundo. Naturalmente, la suerte cuenta mucho. Nunca se sabe con absoluta certeza dónde saltará la liebre, pero si se conoce bien la liebre (me refiero al Homo Sapiens) y el terreno, no hay mucho margen de error.

Con esta técnica, Juan amasó gradualmente, en la primera mitad de su adolescencia, una importante fortuna. En gran parte yo era su poseedor legal. Parecerá raro que no hablara a sus padres de esta riqueza hasta que llegó el momento de gastarla a manos llenas.

—No deseo alterar sus vidas antes de lo necesario —decía— y no quiero que carguen con el peso de un secreto.

Les dijo, por otra parte, que yo había ganado un montón de dinero, gracias a mi suerte en la bolsa. Comencé a ayudar al matrimonio de distintas maneras, pagando por ejemplo la educación de sus hijos y llevándolos a todos (incluso a Juan) a pasar las vacaciones en el extranjero. La gratitud de los padres, debo decirlo, me resultaba muy penosa. Juan la agravaba uniéndose despiadadamente al coro y llamándome «El Benefactor», título que redujo luego a «Bene».

8

ESCANDALOSA ADOLESCENCIA

Aunque Juan dedicó la mayor parte de su año decimocuarto a las finanzas, éstas no lo absorbieron totalmente, y pronto pudo aplicar sus mejores energías a otros asuntos. Las experiencias propias de su edad lo intrigaban cada vez más. Al mismo tiempo estudiaba muy seriamente las potencialidades y limitaciones del Homo Sapiens, tal como se manifestaban en los problemas universales contemporáneos. Y a medida que creció su desprecio por la especie normal, comenzó a buscar individuos de su propia naturaleza. Aunque estas actividades se desarrollaban simultáneamente, convendrá tratarlas por separado.

El despertar de la adolescencia de Juan fue tardío, comparado con el de los seres normales, y su duración muy prolongada. A los catorce años tenía el físico de un niño de diez. Cuando murió, a los veintitrés, era en apariencia un muchacho de diecisiete. Con todo, aunque físicamente estaba atrasado para su edad, su inteligencia, su sensibilidad y su temperamento parecían increíblemente desarrollados. Esta precocidad mental se debía enteramente al poder de su imaginación. El niño normal se aferra a las actitudes e intereses antiguos, aun después que hayan aparecido en él las capacidades propias del adulto. Juan, en cambio, parecía aprehender toda novedad que germinase en su naturaleza y la «forzaba» a florecer precozmente merced a la intensidad y el ardor de su imaginación.

Así ocurrió, por ejemplo, en el caso de su experiencia sexual. Debe advertirse que la actitud de Pax y el doctor con relación a los problemas sexuales de sus hijos era poco común en aquella época. Los tres crecieron desusadamente liberados de las vergüenzas y obsesiones comunes. El doctor les inculcó una visión claramente fisiológica del desarrollo sexual, y Pax trató las curiosidades y experiencias eróticas de sus hijos con franqueza y humor.

Puede afirmarse por lo tanto que el punto de partida de Juan fue excepcionalmente bueno. Pero sus conclusiones fueron muy diferentes de las de sus hermanos. El clima en que éstos vivían era excepcional, ya que se les permitía desarrollarse naturalmente y no caían así en las deformaciones habituales. Hacían todo aquello que se prohíbe solemnemente a la mayoría de los niños, y no se los condenaba. No dudo que practicaban todos los vicios, y pasaban luego, sin sentirse culpables, a otros intereses. En el círculo hogareño se charlaba sobre el sexo y la gestación sin ninguna vergüenza; pero no en público, «pues la gente no comprende todavía que eso no tiene importancia». Más tarde, como es obvio, tuvieron relaciones sentimentales. Y luego ambos se casaron y fueron, aparentemente, felices.

El caso de Juan fue absolutamente diferente. Como sus hermanos, se interesó en su infancia por su propio cuerpo. Como ellos encontró un placer particular en ciertas zonas corporales. Pero mientras que en ellos el interés sexual comenzó mucho antes que adquiriesen plena conciencia de su personalidad, Juan tuvo ante todo conciencia clara y vívida del «yo» y el «otro». En consecuencia, cuando la pubertad empezó a afectarlo, y su imaginación aprehendió los primeros síntomas mentales, se lanzó de cabeza a una conducta muy avanzada para su edad.

Por ejemplo, cuando Juan tenía diez años, pero era fisiológicamente mucho menor, pasó por una fase de interés sexual algo similar a la sexualidad infantil del tipo común, aunque enriquecida por una inteligencia e imaginación precoces. Durante algunas semanas se divirtió y ultrajó a los vecinos decorando las paredes y puertas con traviesos dibujos en los cuales algunos adultos que no le gustaban aparecían caricaturizados y cometiendo diversos actos «obscenos». Arrastró a sus amigos por ese camino, y causó tal alboroto, entre los padres del vecindario que el doctor debió intervenir. Esta fase, me parece, se debió en gran parte a un sentimiento de impotencia y, por consiguiente, de inferioridad. Después de una semana o dos, perdió todo interés en este asunto tal como había ocurrido con los combates cuerpo a cuerpo. Pero los meses se convirtieron en años, y Juan sintió un claro y creciente placer en su propio cuerpo que cambió su actitud hacia la vida. A los catorce años parecía un curioso niño de diez, aunque no era raro que un observador sensible a las experiencias faciales lo considerara un «genio» de dieciocho con un cuerpo raquítico. Sus proporciones eran en general las de un chico de diez años; pero sobre un esqueleto de criatura se veía una musculatura magra y nudosa de la cual su padre solía decir que no era del todo humana, y que una larga cola prensil completaría bien el cuadro. No sé hasta qué punto este desarrollo muscular era debido a la naturaleza o a una cultura física deliberada.

Cuando su rostro comenzó a perder su carácter infantil, los incesantes gestos expresivos de la boca, nariz y cejas le daban ya una apariencia adulta, extraña y casi inhumana. Evoco aquella época y creo ver un bribón, un joven prudente, un demonio y una divinidad infantil. En verano su vestimenta habitual consistía en una camisa de color, pantalones cortos y sandalias, casi harapientos. La cabeza muy grande, el pelo corto y platinado, y los enormes ojos verdes de halcón parecían sugerir que aquellas ropas habían sido adoptadas como disfraz.

Tal era su apariencia cuando empezó a descubrir su poder de atracción y su capacidad de incitar a los demás a que se deleitasen en él tal como él se deleitaba en sí mismo. Exageró, quizá, su deseo de conquista al reconocer que para la especie normal había en él algo de grotesco y repelente. Su narcisismo se agravó y prolongó, me parece, por otra circunstancia. Desde su propio punto de vista no tenía iguales, no

había nadie capaz de dedicarle esa mezcla de devoción y egoísmo que es el amor romántico.

Debo aclarar que al describir la conducta de Juan en esa época no pretendo defenderla. La considero, por lo menos, egoísta. Si se tratara de cualquier otro, y no de Juan, la hubiera condenado inmediatamente como expresión de una mente desordenada y pervertida. Pero a pesar de los incidentes más lamentables de su carrera, estoy convencido de que Juan era muy superior al resto de nosotros, tanto en sensibilidad moral como en inteligencia. Por lo tanto, ya que debo describir ahora esa aparente mala conducta, creo que lo justo es no condenarla, sino suspender el juicio y tratar de entender. Me digo que, si Juan era en verdad un ser superior, gran parte de su conducta debía chocarnos, ya que nosotros, con una sensibilidad menos fina, no podríamos aprehender su verdadera naturaleza. En realidad, si su conducta hubiese sido simplemente la idealización de la conducta normal humana, yo me hubiese sentido menos dispuesto a considerarlo un ser esencialmente diferente y superior. Por otra parte debe recordarse que aunque superior en capacidad, era aún un adolescente, y quizás, a su modo, sufrió por la inexperiencia e imperfección propias de una mente juvenil. En fin, las propias circunstancias le eran adversas, ya que se encontraba solo en un mundo de seres a los que no consideraba totalmente humanos.

Esta nueva conciencia de sí mismo apareció por primera vez en Juan a los catorce años, y se expresó luego en lo que sólo puedo llamar una orgía de aventuras despiadadas. Era yo una de las pocas personas de su círculo a quien nunca trató de conquistar, y me libré sólo porque no me consideraba presa de valor. Yo era su esclavo, su perro, y en cierto modo estaba a su cuidado. Otro de los que escaparon fue Judy, ante quien no sentía necesidad de hacer valer su seducción, sino más bien responsabilidad y afecto.

Una de sus primeras víctimas fue el desgraciado Esteban, convertido ahora en un joven serio que iba a trabajar todos los días. Esteban tenía una novia a quien sacaba los sábados a pasear en su motocicleta. Un sábado en que volvíamos de unos negocios en mi automóvil (habíamos visitado con Juan una fábrica de goma) nos detuvimos a tomar el té en un conocido café del camino. En él encontramos a Esteban y su novia, a punto de marcharse. Juan les pidió que se quedaran. Era evidente que la muchacha quería irse; quizá le disgustaba la actitud de Juan para con Esteban, pero éste decidió demorar la partida. Comenzó entonces una escena desoladora. Juan hizo todo lo posible por eclipsar a la muchacha. Su conversación brillaba estudiadamente como para fascinar a Esteban y mostrar la inferioridad de la joven. Mantuvo la conversación fuera del alcance de esta última, y ocasionalmente se dirigía a ella haciéndola quedar en ridículo. Parecía desafiar a Esteban, a ratos con la tímida altivez de un ciervo, a ratos desplegando su gracia curiosamente felina y ambigua. Era evidente que Esteban había perdido la cabeza. Mostraba hacia la muchacha una galantería elaborada y falsa. La pobre no podía ocultar su desasosiego, pero Esteban, hipnotizado, nada veía. Por último la joven miró el reloj y dijo tímidamente:

—Es horriblemente tarde. Llévame a casa, por favor.

Y cuando ya se iban, Juan entretuvo todavía a su amigo con una última salida ingeniosa.

Al fin la pareja se marchó, y le dije claramente a Juan qué me parecía su conducta. Me miró con la ofensiva complacencia de un gato y dijo arrastrando la voz: —¡Homo Sapiens! —No supe si se refería a Esteban o a mí. Pero enseguida añadió—: Hay que saber manejarlos.

Una semana más tarde la gente hablaba del cambio de Esteban, y decía «que debía avergonzarse de su conducta». Cuando lo vi con Juan sentí que luchaba heroicamente contra una obsesión. Evitaba todo contacto físico, pero cuando éste llegaba, por casualidad o provocado por Juan, el muchacho parecía electrizado. Juan mismo parecía debatirse en un conflicto entre el desagrado y la atracción, como orgulloso de una conquista que al mismo tiempo lo repelía. Solía terminar cualquier disputa con aspereza, mostrando su repulsión con algún inesperado acto de brutalidad. Como en ocasiones anteriores, mi disgusto e indignación por este tipo de conducta parecieron devolver a Juan el sentido de la autocrítica. No dejaba de aprender de sus inferiores. Su actitud hacia Esteban volvió a ser la de una simple camaradería, atemperada por una gentileza casi humilde. Esteban despertó también, lentamente, de su desvarío, pero éste dejó en él huellas profundas.

Durante algunas semanas Juan evitó, aparentemente, las actividades de este tipo, pero su actitud para con los adultos demostraba que había adquirido, y para siempre, una mayor conciencia de sí mismo y de su propio cuerpo. Sin la menor duda había descubierto en su propio ser un interés que hasta entonces se le había escapado. Estudió el arte de exhibirse y lucirse físicamente a los ojos de la especie inferior. Por supuesto, era demasiado inteligente para caer en ese exceso de adornos de los que tanto abusan los adolescentes. En verdad dudo que nadie, salvo los más íntimos y penetrantes observadores, hayan pensado que su elegancia fuese estudiada. Yo veía en cambio que, según el carácter de su auditorio, se mostraba ya con una cruda especie de desvergonzada seducción, ya con esa gracia sencilla y acerada que lo caracterizaría más tarde.

Durante dieciocho meses, antes de llegar a los dieciséis años, Juan se relacionó con jóvenes de su edad. Estaba todavía poco desarrollado sexualmente, pero la imaginación suplía esas deficiencias, y lo dotaba de una sensibilidad superior a sus años. Durante esta época no parecía importarle que la mayoría de las muchachas le manifestaran una cierta repulsión física. Pero al cumplir los dieciséis años — aparentaba doce—, volvió su atención a las mujeres. Durante algunas semanas, las jóvenes le demostraron mayor interés, aunque con frecuencia un interés vindicativo.

Esto sugería, por lo menos, que se veían obligadas a mirarlo con nuevos ojos, y que

Juan estaba desarrollando una nueva técnica para con el sexo opuesto.

Una vez perfeccionada, procedió a utilizarla con fría deliberación en una de las estrellas de la sociedad local. Era ésta una joven altanera, hija de un rico armador de barcos, que llevaba el sorprendente nombre de Europa. Rubia, alta, atlética, su expresión normal era un mohín de desdén, atemperado por una cierta expresión anhelosa en los ojos. Había estado comprometida dos veces, y se afirmaba que su experiencia del sexo opuesto había excedido los acostumbrados límites de un noviazgo.

Una tarde, en la piscina, Juan llamó, en apariencia accidentalmente, la atención de Europa. La muchacha tomaba sol, rodeada por sus admiradores. Impensadamente, había apoyado un codo en una de las puntas de la toalla de Juan. Éste, que venía de nadar y necesitaba secarse, se acercó desde atrás y tironeó suavemente de la toalla pidiendo «perdón». Europa se volvió, vio a su lado una cara joven y grotesca, y se estremeció con repugnancia. Enseguida recobró su compostura diciéndoles a sus amigos:

—¡Cielos! ¡Qué horror!

Juan debió de oírla. Más tarde, cuando la muchacha realizó uno de sus admirables saltos desde el trampolín, Juan se las arregló de algún modo para chocar con ella debajo del agua, pues surgieron a la superficie muy juntos. Juan se alejó riéndose. Europa se quedó boquiabierta unos instantes, luego se rió también y regresó al trampolín. Juan, que parecía una gárgola, se hallaba ya en el extremo del otro tablón. Mientras extendía los brazos para la zambullida, Europa lo desafió:

—Esta vez no me pescarás, monito.

Juan cayó como una piedra y entró al agua medio segundo después. Luego de un considerable intervalo, aparecieron nuevamente juntos. Se vio que Europa abofeteaba a Juan, se deshacía de él, y nadaba hasta el borde. Allí se quedó, tomando sol.

Juan siguió con sus exhibiciones, nadando y zambulléndose. Había inventado una brazada propia, muy distinta del estilo trudgeon que todavía imperaba indiscutido en las remotas provincias del norte. Moviendo los pies alternativamente, mientras los brazos seguían el ritmo habitual del trudgeon, lograba superar a muchos expertos mayores que él. Algunos decían que si adoptaba un estilo más decente, llegaría a ser realmente un buen nadador. Nadie en el pequeño suburbio provinciano comprendía que las excéntricas brazadas de Juan, un producto de la Polinesia, estaban desplazando al trudgeon de los clubes de natación más adelantados de Europa y América, y aun de Inglaterra.

Con sus excéntricas brazadas, Juan exhibió su pericia ante los ojos involuntariamente atentos de Europa. Luego salió del agua y jugó a la pelota con sus compañeros, corriendo, saltando, estirándose, con esa curiosa gracia que fascinaba extrañamente a algunos seres sensibles. Europa, que hablaba con sus enamorados, lo observaba con evidente curiosidad.

En el transcurso del juego Juan tiró de tal modo la pelota, que fue a golpear el cigarrillo que la muchacha tenía en la mano. Saltó hacia ella, hincó una rodilla, y tomando los dedos de la joven, los besó con una galantería burlona que sugería, sin embargo, verdadera ternura. Todos se rieron. Juan, sin soltar la mano de Europa, la miró interrogativamente con sus enormes ojos. La orgullosa Europa se rió, se sonrojó de un modo inexplicable, y retiró la mano.

Éste fue el principio. No es necesario seguir los pasos con que el demonio cautivó a la princesa. Bastará con que nos detengamos en el momento en que las relaciones alcanzaron su clímax. Sin saber lo que le esperaba, Europa alentó a su joven enamorado no sólo en la piscina, donde jugaban juntos, sino llevándolo a pasear en su automóvil. Juan, debo decirlo, era demasiado astuto y estaba demasiado ocupado en otras cuestiones como para depreciarse a sí mismo con una excesiva asiduidad. Sus encuentros con Europa no eran muy frecuentes, pero sí lo bastante como para asegurarse la presa.

Quizá la metáfora sea injusta. No pretendo poder analizar los verdaderos motivos de mi amigo, ni siquiera aquellos, comparativamente simples, de su vida de adolescente. Sin embargo, podría asegurar que el origen de su relación con Europa había sido el deseo de ser admirado por una mujer. Creo también que a medida que las relaciones se desarrollaron, comenzaron a hacerse más complejas. Juan miraba a veces a Europa con una expresión donde el desdén se mezclaba con una genuina admiración. El deleite que sentía con las caricias de la muchacha, se debía en parte, sin duda, a su incipiente sexualidad; pero creo que no olvidaba nunca la inferioridad biológica y espiritual de Europa. La alegría de la conquista y el placer del contacto físico con una mujer joven y sensible, estaban para Juan envenenados por la sensación de que Europa era una bestia inferior, un ser que jamás podría satisfacer sus necesidades más profundas, y que en cambio podía envilecerlo.

Esta relación afectó sorprendentemente a Europa. Sus cortejadores se sintieron despreciados. Circularon sarcasmos y burlas. Se decía que estaba enamorada de un niño y, para colmo, de un niño anormal. Europa misma se debatía evidentemente entre el deseo de salvaguardar su dignidad y el hambre mitad sexual, mitad maternal, que Juan le inspiraba. La miseria de su situación y la rareza de su enamorado empeoraban las cosas. Una vez dijo algo que me reveló el carácter de sus sentimientos. Fue durante un partido de tenis. Nos habíamos quedado momentáneamente solos, y mirando su raqueta me dijo:

—¿Me reprueba usted a propósito de Juan? —Mientras yo pensaba qué contestar, continuó—: Quisiera que conociese usted su poder. Juan es como... un dios que fingiera ser un mono. Cuando una ha llamado su atención, ya no puede importarle la gente común.

Este extraño asunto debió de llegar a su punto culminante poco tiempo después. Oí el relato de labios de Juan varios años más tarde. Riendo, había amenazado a Europa con entrar de noche en su dormitorio por la ventana. La muchacha juzgó la empresa imposible, y lo desafió. Al alba siguiente la despertó un leve roce en el cuello. Alguien la besaba. Antes que pudiese gritar, una voz juvenil que conocía muy bien le dijo quién era el intruso. Movida aparentemente por la sorpresa, la diversión, el desafío, y su deseo entre sexual y maternal, Europa apenas se resistió. Imagino que entre aquellos brazos adolescentes encontró una embriagadora mezcla de inocencia y virilidad. Después de algunas protestas arrojó toda prudencia al viento y respondió apasionadamente. Pero en ese mismo instante, Juan fue dominado por la repugnancia y el horror. El encanto se había roto.

Los dedos que lo acariciaban, y que al principio parecían haberle abierto un mundo de intimidad, afecto y confianza, se convirtieron rápidamente en subhumanos, «como si me rozase un mono o un perro». La impresión cobró tal violencia que al fin saltó de la cama y desapareció por donde había entrado dejando su camisa y sus pantalones. En aquella apresurada huida, cayó pesadamente sobre un cantero y renqueó hasta su casa con un tobillo torcido.

Durante algunas semanas, Juan se debatió penosamente entre la atracción y la repulsión, pero nunca más volvió a trepar a la ventana de Europa. La muchacha, por su parte, estaba visiblemente avergonzada de sí misma. Desde entonces evitó a su amigo, y cuando lo encontraba en público interpretaba el papel de un adulto remoto, aunque cortés. Pronto comprendió que Juan no era el mismo, que su pasión se había enfriado para dar lugar a una actitud protectora, amable y desconcertante. Cuando Juan me contó sus relaciones con Europa, dijo, si no recuerdo mal, algo parecido a esto:

—Aquella noche me sentí trastornado por primera vez. Perdí mi habitual seguridad. De pronto me vi arrastrado en una y otra dirección por corrientes que no podía vadear, ni comprender. Había hecho trigo que en el fondo me parecía inevitable. Pero que de algún modo encerraba un error. Una y otra vez, durante la semana siguiente, me propuse hacerle el amor a Europa, pero no podía. Antes de encontrarme con ella recordaba aquella noche, y su vital respuesta y su belleza; pero cuando la veía, bueno, me sentía como Titania cuando despertó y vio que Botton era un asno. La querida Europa me parecía una hermosa burrita. De raza, sí, pero ridícula y lamentable, pues carecía de alma. No sentía ningún resentimiento, sino afecto y deseo de protección. En una ocasión, por el solo placer de experimentar, me mostré cariñoso, y ella, pobrecita, se alegró como un perrito. Pero no podía ser. Algo feroz despertó en mí y me detuvo, llenándome del alarmante deseo de clavarle el cuchillo en los pechos y aplastarle la cara. Luego comencé a ver todo el asunto cómo desde una gran altura, y sentí una especie de pasión, una mezcla de afecto y desprecio, en la que había también algo de reproche.

En este punto, lo recuerdo, se hizo un gran silencio. Por fin Juan me contó algo que es mejor no repetir. En realidad escribí una cuidadosa narración de este turbador incidente, y confieso que en ese momento estaba yo tan profundamente absorto por el encanto de su personalidad que no pude condenar su conducta. Reconocí, por supuesto, que se oponía flagrantemente a todas las convenciones. Pero sentía ya un afecto tan profundo por las dos personas implicadas, que de buena gana vi la situación como Juan quería que la viese. Años después, cuando mostré inocentemente mi manuscrito a otras personas, me hicieron notar que su publicación indignaría a muchos lectores sensibles, e incurriría lisa y llanamente en pornografía.

Soy un miembro respetable de la clase media inglesa, y deseo seguir siéndolo; sólo diré entonces que los motivos confesados por Juan fueron dos. En primer término, necesitaba tranquilidad después de aquel desastroso incidente, y, por lo tanto, buscó un contacto delicado e íntimo con un ser cuya sensibilidad y discernimiento no eran totalmente distintos de los suyos, un ser a quien amaba, y que lo amaba de un modo profundo, dispuesto a cualquier extremo por su bien. En segundo término, necesitaba afirmar su independencia moral del Homo Sapiens, liberarse de toda aquiescencia inconsciente a las convenciones de la especie que lo había cobijado. Debía, por lo tanto, romper el más preciado tabú de esa especie.

9

MÉTODOS DE UN JOVEN ANTROPÓLOGO

Juan no había cesado de estudiar el mundo desde su nacimiento, pero de los catorce a los dieciocho años ese estudio se hizo más profundo y metódico, hasta convertirse en un extenso examen de la especie humana, su naturaleza, sus realizaciones y su estado actual.

Esta vasta empresa tenía que realizarse en secreto, ya que Juan no quería llamar la atención. Debía parecerse a un naturalista que estudia las costumbres de una bestia peligrosa, acechándola con una cámara y unos gemelos, e introduciéndose en la manada con una piel robada y un color falso. Infortunadamente sé muy poco de este aspecto de la carrera de Juan, pues desempeñé en ella un papel sin importancia. Su disfraz era siempre el del escolar precoz, pero tonto, que tan útil le había sido para ponerse en contacto con los financistas, y recurría a la misma táctica, ahora más desarrollada, que había empleado en esos asuntos. Esta técnica se combinaba con su destreza diabólica de seductor, y sus métodos se ajustaban perfectamente a la mentalidad particular de cada sujeto. Mencionaré sólo unos pocos ejemplos, y pasaré luego a dejar sentados los implacables juicios que sus investigaciones le permitieron formular. Se puso en contacto con un

Ministro haciéndose el enfermo ante la verja de su residencia privada. Debe recordarse que Juan dominaba notablemente sus reflejos orgánicos, e influía en sus secreciones glandulares, su temperatura, su proceso digestivo, los latidos de su corazón, la distribución de la sangre en su cuerpo, etc. Era capaz así de producir síntomas muy alarmantes, aunque los efectos no fueran serios. La mujer del Ministro acostó y cuidó a este patético y pálido enfermo mientras el Ministro en persona llamaba al médico de la casa. Antes que éste llegara, Juan era ya un convaleciente intrigante, activamente ocupado en atar al Ministro con sutiles lazos de compasión e interés. La ciencia médica, en la persona del doctor, hizo lo posible por ocultar su asombro, y recomendó reposo hasta que se diera con los padres de Juan. Pero éste argumentó, casi llorando, que sus padres pasarían el día afuera, y que la casa estaría cerrada hasta la noche. ¿Podría quedarse hasta que regresaran, y volver luego en un taxi? Cuando se fue, ya había adquirido cierto conocimiento de la mente de su huésped y una invitación para volver.

La enfermedad artificial tuvo tanto éxito que se convirtió en uno de sus métodos preferidos. La utilizó, por ejemplo, para relacionarse con un dirigente comunista, completándola con una descripción de las horribles condiciones que reinaban en su hogar desde que a su padre «lo habían despedido por organizar una huelga».

Variantes del mismo método con apropiados adornos religiosos, se usaron contra un Obispo, un sacerdote católico, y varias otras personas del clero.

Como ejemplo de una táctica diferente, puedo citar el caso de un eminente astrónomo a quien Juan conquistó con una carta de escolar, de estilo ingenuo y brillante en la que pedía permiso para conocer un observatorio. La solicitud fue concedida, y Juan llegó a la cita equipado con un uniforme escolar y un telescopio de bolsillo. Este encuentro dio lugar a otras conexiones con físicos, geólogos, fisiólogos.

El método epistolar fue utilizado también con un conocido filósofo y sociólogo de Cambridge. Esta vez Juan desfiguró la escritura y se presentó con el pelo teñido, anteojos oscuros y acento cockney. No quería que el filósofo lo identificara con el muchacho que había conocido el astrónomo.

La carta estaba perfectamente adaptada a sus fines. Combinaba una escritura deplorable con errores de ortografía, disgusto por la religión, asomos de análisis filosófico —crudo, pero notable—, y un gran entusiasmo por los libros del filósofo en cuestión. Cito un pasaje característico:

Mi padre me pega porque digo que si Dios hizo el mundo hizo una buena porquería. Le dije que usted dice que es una estupidez golpear a los niños, y entonces me volvió a pegar por saber que usted dijo eso. El que puede pegar a alguien —le dije —, no por eso tiene razón. Me dijo que no se debía replicar a los padres. Le dije que no sabía lo que era el bien o el mal sino lo que me gustaba y lo que no me gustaba. Dijo que eso era una blasfemia. Permítame, por favor, visitarlo. Quiero saber qué es el pensamiento y cómo trabaja.

Ya había hecho Juan varias visitas al filósofo de Cambridge, cuando recibió una nota del astrónomo. (Debí haber explicado que un joven maestro de escuela de los suburbios londinenses le permitía usar su dirección postal). El astrónomo le pedía que se entrevistase con «otro muchacho muy despierto» que vivía en Cambridge y era amigo del filósofo. La ingenuidad y la gracia que desplegó Juan para evitar esa reunión me revelaron un divertido aspecto de su carácter, pero carezco de espacio para describirlo aquí.

La técnica epistolar ejerció efectos parecidos en un renombrado poeta moderno. En este caso, tanto el estilo de la carta como la personalidad que asumió Juan en las posteriores entrevistas fueron totalmente diferentes de las que había usado con el astrónomo y el filósofo. Se ajustaban, aunque no con precisión, a la idea que del poeta tenían el público y él mismo, pero con un matiz que en el futuro, luego de las entrevistas con Juan, predominó en su obra. Cito el mejor pasaje de la carta:

En esa odiosa frustración espiritual que me imponen mi hogar y la escuela, en mis confusos intentos por armonizar con el mundo contemporáneo, la fuente de energía y consuelo más grande es su poesía.

Cómo es, me pregunto, que, aunque parece usted describir, simplemente, una civilización torturada y degenerada, la mera descripción le presta dignidad y sentido, como si usted nos revelara, que, después de todo, no es esto mera decadencia, sino la oscuridad necesaria antes de un glorioso relámpago.

Los esfuerzos de Juan no se dirigían únicamente a la intelligentzia y los jefes de los movimientos políticos y sociales. Usando métodos apropiados, trabó amistad con ingenieros, artesanos, empleados, obreros. Recogió informes de primera mano sobre las diferencias mentales entre los mineros del Sur de Gales y los de Durham. Lo arrastraron a reuniones sindicales. Salvaron su alma en capillas anabaptistas. Recibió mensajes de una mítica hermana muerta, en sesiones de espiritismo. Pasó algunas semanas con una caravana gitana, recorriendo las regiones del sur. Parece que ganó ese derecho mostrándose hábil ratero y hábil reparador de sartenes y cacerolas. En una de esas actividades, invirtió un tiempo que me pareció excesivo. Pasaba con frecuencia los días y las noches con el dueño de una barca de pesca y su marinero en el estuario o el mar. Cuando le pregunté por qué se preocupaba tanto por la comunidad pescadora, y particularmente por estos dos hombres, me respondió:

—Bueno, estos pescadores son excelentes, y Abel y Marcos son los mejores. Cuando el Homo Sapiens se dedica al tipo de trabajo y al tipo de vida que no están realmente fuera de su alcance, todo marcha bien. Sólo fracasa cuando la civilización le impone un trabajo que excede su inteligencia o su imaginación. Y el fracaso lo envenena totalmente.

Sólo mucho más tarde, descubrí el motivo de su interés por el mar. En cierta ocasión se hizo amigo del patrón de un barco de cabotaje y lo acompañó en sus travesías. Debí darme cuenta que quería aprender a conducir una nave.

Debo mencionar aquí otro asunto. Los estudios de Juan acerca del Homo Sapiens se extendían ahora al continente europeo. Como amigo de la familia, arrastré a Tomás y Pax a unas excursiones por Francia, Italia, Alemania y Escandinavia. Juan nos acompañaba siempre con sus hermanos o sin ellos. Pero el doctor no podía abandonar a sus pacientes con frecuencia, ni por largos períodos, y completábamos esas vacaciones con otras en las que no participaban los padres de Juan. Yo anunciaba que debía ir a París, a una conferencia periodística; o a Berlín, a entrevistar al director de un diario; o a Praga, para informar sobre un congreso de filósofos; o a Moscú, a ver qué se hacía allí en materia de educación. Pedía al matrimonio que me dejasen llevar a Juan, y como nunca negaban su consentimiento, muchas veces nuestros planes estaban ya trazados de antemano. De este modo Juan continuaba en el exterior las investigaciones que ya había comenzado en las Islas Británicas.

Viajar con Juan por el extranjero constituía a veces una experiencia humillante. No sólo aprendía los nuevos idiomas en un tiempo increíblemente breve, con tal perfección que todos lo confundían con un nativo, sino que se adaptaba, además, con rapidez a cualquier costumbre e intuía inmediatamente la estructura mental de los distintos pueblos. Por consiguiente, aun en los países que me eran familiares, me encontraba superado por mi compañero a los pocos días de nuestra llegada.

Cuando debía aprender un nuevo idioma, Juan leía simplemente de cabo a rabo una gramática y un diccionario, y tomaba unos breves cursos de pronunciación con la ayuda de uno o dos nativos, o unos pocos discos de fonógrafo. Ya en esa etapa era para todos un niño nativo que había estado algún tiempo en el extranjero, perdiendo de ese modo contacto con su propio idioma. Al cabo de una semana, en el caso de la mayoría de los idiomas europeos, nadie sospechaba que no fuese natural de la región. Más tarde, cuando sus viajes se alargaron, demostró que podía aprender perfectamente un idioma oriental como el japonés en sólo quince días.

Mientras viajaba con Juan por el continente europeo, me pregunté a menudo por qué permitía que ese extraño ser me juzgase su esclavo. Me sobraba tiempo para pensar, pues Juan ocupaba el suyo en buscar escritores, hombres de ciencia, sacerdotes, políticos, y hasta agitadores populares, viajando en ferrocarril, en los coches de tercera o cuarta clase, para entablar conversación con obreros o marineros. Durante estas investigaciones, prefería que yo no lo acompañara. De cuando en cuando, sin embargo, era necesario que yo desempeñase el papel de guardián o tutor. Otras veces, cuando Juan quería evitar que advirtiesen su superioridad, me adiestraba cuidadosamente antes de la entrevista sugiriéndome las preguntas u observaciones que yo debía hacer.

En una ocasión, por ejemplo, fuimos a ver a un psiquiatra eminente. Juan simuló ser un niño neurótico y atrasado, y yo expliqué su caso al profesional. La entrevista tuvo como consecuencia el tratamiento de Juan y una serie de reuniones entre el psiquiatra y yo para estudiar los progresos del niño. El pobre médico ignoraba por completo que su pequeño paciente, en apariencia tan sumergido en sus fantasías, estaba experimentando con él, y que mis propias preguntas, inteligentes y provocativas, eran producto de la mente del presunto enfermo.

¿Por qué permití que Juan me utilizase? ¿Por qué le permití que ocupase de tal modo mi tiempo y atención, e interferir en mi carrera de periodista? No puede decirse que Juan despertase algún afecto. Naturalmente, era un sujeto excepcional para un periodista o un biógrafo, y yo ya había decidido difundir algún día todo lo que sabía de él. Pero es evidente que ya en ese entonces aquel joven espíritu ejercía sobre mí una fascinación más sutil que la de la mera novedad. Yo sentía, creo, que Juan iba en busca de una orientación espiritual que aclararía con una luz nueva, el sentido de la vida. Y yo esperaba recibir algún destello de esa luz. Sólo más tarde comprendí que esa posible visión no estaba al alcance de las mentes normales.

En aquellos días, lo único que iluminó la mente de Juan fue, parece, la certeza de la futilidad de los hombres. Esta evidencia despertaba a menudo su desprecio o su horror ante el destino que aguardaba al mundo, un destino en el que se veia implicado. A veces su actitud era la compasi6n, o una torva alegria, y en otras un goce mas sereno en que la compasi6n, el horror y esa torva alegria se confundian extrafiamente.

10

LA CONDICIÓN DEL MUNDO

Trataré ahora de exponer las reacciones de Juan ante el mundo transcribiendo algunos de sus comentarios sobre los individuos e instituciones que estudió en este período.

Comencemos por el psiquiatra. El veredicto de Juan sobre el eminente manipulador de almas me reveló su desprecio por el Homo Sapiens y su comprensión de los seres no totalmente animales ni totalmente humanos.

Después de nuestra última visita al consultorio, aun antes que se cerrara la puerta, Juan se permitió una larga carcajada que me recordó el grito del guaco asustado.

—Pobre diablo —exclamó—. Aunque... ¿qué podría hacer? Tiene que parecer inteligente a toda costa, aunque no entienda nada. Está en un aprieto similar al de un médium con éxito. No es un mistificador: hay algo de verdadera ciencia en su trabajo. Puede resolver los casos claros, de orden mental más bien inferior, con problemas esencialmente primitivos. Pero ni aun entonces sabe qué está haciendo, ni cómo obtiene la curación. Por supuesto, tiene sus teorías, y le son muy útiles. Da a su desventurado paciente grandes dosis de charla, como un médico que administrase píldoras de azúcar, y el pobre tonto se lo cree todo, se siente animado y se las arregla para curarse a sí mismo. Pero cuando se le presenta otra especie de caso, situado en un nivel mental superior (seis pisos más arriba que el abrigado departamento de nuestro amigo, por así decirlo) el fracaso es inevitable. ¿Cómo podría una mente de su categoría comprender a otra mente sensible de veras a las cosas humanas? No me refiero a la sabiduría de los pedantes. Me refiero a los sutiles contactos humanos, a los contactos con el mundo. Es una especie de intelectual, con sus cuadros modernos, y sus libros acerca del inconsciente. Pero no es plenamente humano, ni siquiera para las normas del

Homo Sapiens. No es de veras un adulto, y el pobre hombre se encuentra desorientado ante gente realmente adulta. Por ejemplo, a pesar de sus cuadros modernos, no entiende qué es el arte. Y sabe menos de filosofía que un avestruz del vuelo a gran altura. No se le puede culpar. Sus alas no podrían sostener esa mente pesada y pedestre. Pero no debería empeorar las cosas escondiendo la cabeza en la arena y diciéndose a sí mismo que está estudiando los cimientos de la naturaleza humana. Cuando se le presenta un caso con alas, con problemas provocados por su falta de ejercicio, nuestro amigo no entiende qué ocurre. Dirá por ejemplo: «¿Alas? ¿Qué alas? Tonterías. Mírenme a d. Atrófieselas enseguida y esconda la cabeza. Evitará así cualquier peligro». El paciente entra en una especie de coma espiritual. Si el pobre individuo aguanta, queda completamente curado, y completamente inútil. Con frecuencia aguanta, pues su psiquiatra es muy hábil. Podría convertir a un santo en un sátiro con un mero esfuerzo mental. ¡Pensar que esta civilización entrega la curación de las almas a motos como éste! No se lo puede censurar, desde luego: Dentro de sus límites, es un hombre decente, y hace lo que puede. Pero es absurdo esperar que un veterinario pueda curar a un ángel caído.

Juan criticaba la psiquiatría, pero no por eso respetaba las Iglesias. Si se interesó en las prácticas y doctrinas religiosas no fue sólo con el propósito de estudiar al Homo Sapiens. Su motivo era en parte (al menos así me dijo) la esperanza de poder arrojar alguna luz sobre ciertas experiencias nuevas y asombrosas que había realizado y que quizá podrían ser del tipo comúnmente denominado religioso. Regresaba de sus expediciones a iglesias y capillas en un estado de excitación que a veces se descargaba en bromas groseras sobre los ritos, y otras en una exasperación y una perplejidad casi histéricas. Al salir de uno de estos servicios observó:

—Noventa y nueve por ciento de fábula y uno por ciento de otra cosa, pero ¿qué? Había en la voz de Juan una tensión que me obligó a mirarlo. Vi asombrado que tenía los ojos llenos de lágrimas. Ahora bien, Juan dominaba normalmente sus reflejos lagrimales. Desde su infancia no lo había visto llorar sino deliberadamente. Sin embargo, éstas eran en apariencia lágrimas espontáneas, de las que no parecía

tener conciencia. De pronto se rió y dijo:

—¡La salvación de almas! Si uno fuera Dios, ¿no se reiría? ¿Qué importa si se salvan o no? El deseo de salvarse es casi una blasfemia. Pero ¿qué es eso que cuenta realmente y pasa a través de las fábulas como la luz a través de un vidrio sucio?

El Día del Armisticio acompañé a Juan a los servicios de la Catedral Apostólica Romana. El enorme edificio estaba atestado. La solemnidad de la ocasión ocultaba el artificio y la insinceridad. La liturgia era perturbadora, aun para un agnóstico como yo. Uno sentía espanto, casi, ante el poder que el culto tradicional podía tener sobre una masa de creyentes impresionables. Juan había entrado en la catedral con su acostumbrado interés desdeñoso por las pasiones del hombre, pero a medida que se desarrollaba el servicio, parecía más y más absorto. Miraba a su alrededor con su inescrutable mirada de águila, aunque no se fijaba aparentemente en los feligreses, el coro o los sacerdotes, sino en la totalidad de la situación. Su rostro tenía una expresión que yo no conocía, una expresión con la que me familiaricé más tarde, pero que todavía hoy no puedo interpretar satisfactoriamente. Sugería sorpresa, asombro, una especie de éxtasis incrédulo, y aun cierta diversión levemente marga. Supuse, como es natural, que Juan se divertía con la locura y la solemnidad de nuestra especie, pero cuando dejábamos la iglesia me sorprendió diciendo:

—Todo esto sería quizá espléndido si no tratasen por todos los medios de humanizar a Dios. —Advirtió sin duda mi asombro, pues se rió y dijo—: Oh, ya sé que no vale nada. ¡Ese sacerdote! Basta ver cómo se inclina ante el altar. Todo es falso, intelectual y emocionalmente; pero... bueno, ¿no percibes el eco de, o mejor, de alguna antigua y valiosa experiencia vivieron quizá Jesús y sus amigos? Y algo remotamente parecido sentían esos fieles, uno de cada ¿No te diste cuenta? Pero, naturalmente, cuando trataban de ajustarlo a las doctrinas eclesiásticas, lo arruinaban todo.

Sugerí a Juan que su excitación y la de los otros eran producto de la solemnidad. Claro, «proyectábamos» nuestras sensaciones, y creíamos encontrarnos algo sobrehumano.

Juan me miró rápidamente y estalló en una alegre carcajada.

—Querido hombre —dijo, y creo que fue la primera vez que usó esa expresión tan devastadora—, tú no adviertes ninguna diferencia entre esa excitación y otro, pero yo sí. Y me parece que muchos de tu especie también la advierten. Por lo menos mientras no hayan caído en manos de los «psicólogos».

Le pedí que fuera más explícito, pero sólo me dijo:

—Soy demasiado joven y todo esto es nuevo para mí. Ni siquiera Jesús pudo explicar sus experiencias. En realidad no trató de hacerlo. Se refirió sobre todo a los cambios que pueden traer esas experiencias, y es posible que no hayan trascripto fielmente sus palabras. Soy todavía muy joven.

Una entrevista con un dignatario de la Iglesia Anglicana dejó a Juan en un estado de ánimo muy distinto. Este dignatario era muy conocido en ese entonces por sus intentos de renovar la Iglesia dando nueva vida a los antiguos dogmas. Juan se ausentó algunos días. Cuando regresó parecía menos interesado en el dignatario eclesiástico que en un comunista con quien se había encontrado anteriormente. Luego de oír su disquisición sobre el marxismo le pregunté:

—¿Y qué me dices del Reverendo?

—Sí, por supuesto, estuve también con el Reverendo. Un hombre simpático y comprensivo. El comunista no era tan simpático, ni comprensivo. Pero, evidentemente, el Homo Sapiens no puede ser simpático cuando se apasiona. Es curioso. Los miembros de tu especie, cuando vislumbran una verdad inicial, como en el caso del comunismo, parecen enloquecer. Y cuánto de religioso hay en realidad en este comunista. Lo ignora, por supuesto, y odia esa palabra. Dice que los hombres deben preocuparse por el Hombre, y por nada más. El comunismo es para él una especie de refugio moral, lleno de deberes. Reniega de la moral y luego maldice a los otros por no ser santos comunistas. Si no aplaudimos la guerra de clases, somos tontos, o esclavos, y perdemos el tiempo. Nos dirá, naturalmente, que sólo la guerra de clases puede emancipar a los obreros. Pero no es ésa la raíz de su conducta. El fuego interior que lo consume es, aunque lo ignore, la pasión por el materialismo dialéctico, la dialéctica de la historia. Sólo desea ser un instrumento de la dialéctica y, misteriosamente, lo que en el fondo de su corazón quiere decir con eso es lo mismo que la ley de Dios para los cristianos. Es raro. Dice que el elemento válido del cristianismo es el amor al prójimo. Pero él no ama realmente al prójimo. Mataría a cualquiera si pensará que así conviene a la dialéctica histórica. Lo que verdaderamente comparte con los cristianos es una oscura pero activa conciencia de algo super-individual. Desde luego, cree que ese algo es la masa de los individuos, el grupo. Pero no es el grupo lo que inflama su entusiasmo. Es la justicia, el derecho y toda la música espiritual que el grupo expresa. Por supuesto, sé que no todos los comunistas son religiosos. Pero éste lo es. Y quizá también lo era Lenin. No basta con decir que su móvil inicial fue el deseo de vengar a su hermano. En cierto sentido, eso es verdad; pero es posible sentir detrás de casi todas sus palabras el propósito de convertirse en el instrumento elegido por el destino, por la dialéctica, por algo que casi podría llamarse Dios.

—¿Y el Reverendo? —pregunté.

—El Reverendo. Ah, sí. Bueno, es religioso así como la luz del fuego es luz solar. Alguna vez los árboles petrificados del carbonífero crecieron al sol, y ahora en la chimenea, arrojan un fulgor tembloroso que entibia agradablemente la habitación mientras nadie las cortinas y no dejen entrar la noche. Afuera los hombres tropiezan en la oscuridad, pero todo lo que el Reverendo puede hacer es encender un buen fuego y decirles que se sienten a su alrededor. Algunos se le meten en la sala, manchan de barro la alfombra y escupen en el fuego. El Reverendo se entristece, pero los soporta noblemente porque, aunque no sabe lo que es amor, trata de amar al prójimo. Claro que si la gente se porta realmente mal, llamará por teléfono a la Policía.

Citaré ahora algunas de las críticas de Juan a los comunistas.

—El comunista se cree noble y desgraciado. Por supuesto es desgraciado, terriblemente desgraciado. La culpa la tiene tanto la sociedad como él mismo. Esta pobre criatura se pasa la vida odiando la sociedad o los poderes que rigen la sociedad. Es un saco de odio. Pero su odio no es realmente profundo. Es algo así como una autodefensa, una autojustificación, que no se parece al odio que aplastó al Zar, se hizo fecundo y creó a Rusia. La situación no es por ahora tan mala en Inglaterra. Todo lo que pueden hacer actualmente es expresar su odio y dar a los demás una hermosa excusa para reprimir el comunismo. Mucha gente rica, o que puede serlo, siente subconscientemente vergüenza de sí misma, y odio también. Necesitan un chivo emisario en quien volcar ese odio, y hombres como éste son para ellos un regalo de los dioses.

Dije que el odio de los pobres se justificaba más que el de los ricos. Esta observación arrancó a Juan un discurso analítico y profético que el tiempo ha justificado.

—Hablas —dijo— como si el odio fuese siempre racional, o justo. Si quieres comprender la Europa moderna y el mundo, debes tener en cuenta distintos factores, algo relacionados entre sí.

»Primero, la necesidad casi universal de odiar algo, con razón o sin ella, descargar en él nuestro propio mal, y luego destruirlo. Los espíritus enfermizos necesitan de ese odio. Odian así a sus vecinos, sus mujeres, sus maridos, sus hijos, o sus padres. Pero se exaltan sobre todo odiando a los extranjeros. Al fin y al cabo, una nación es, principalmente, una sociedad fundada para odiar a los extranjeros, una especie de club del odio.

»El segundo factor es el evidente desorden de la economía. Los poderosos tratan de gobernar el mundo para su propio beneficio. Hasta no hace mucho lo consiguieron, pero ahora la situación se les está escapando de las manos. El caos en que vivimos tiene esa raíz. Los pobres, naturalmente, odian a los ricos que han creado este caos y no pueden salir de él. Los ricos tienen miedo, y por el mismo motivo odian a los pobres. La gente no entiende que si el odio no fuese una necesidad profunda, el problema social sería, por lo menos, enfrentado con inteligencia.

»Y por último, la idea, cada vez más difundida, de que la cultura científica es un error. No quiero decir que la gente dude del valor de la ciencia. Es algo más profundo. Sienten que la vida moderna es decepcionante. Hay algo de muerto en ella, algo estéril. Este horror a la cultura moderna, la ciencia, la mecanización y la estandarización es más reciente que las doctrinas bolcheviques.

»Los comunistas e izquierdistas en general echan la culpa de todo al capitalismo, pero aceptan en su esencia la nueva cultura. Son racionalistas, mecanicistas. Otros en cambio se rebelan. No saben por qué, pero sienten que esa cultura es deficiente. Algunos vuelven a las iglesias, especialmente al catolicismo. Pero ha pasado mucha agua bajo los puentes. Aquellos que no pueden tragar la droga cristiana buscan desesperadamente otra cosa, aunque no saben qué. Y esta profunda necesidad, a veces inconsciente, se confunde con el odio, y si el hombre pertenece a la clase media, con su temor a la revolución social, cualquier truhán, cualquier ambicioso puede utilizar rápidamente esta mezcla de temor y odio. Así ocurrió en Italia, y así ocurrirá en otras partes. Apuesto a que dentro de pocos años habrá en Europa todo un movimiento contra la izquierda, inspirado parcialmente en el temor y el odio, y en la vaga sospecha de que algo anda mal en la cultura científica. Es más que una sospecha intelectual. Es una certeza que viene de las entrañas, una especie de hambre real brutal y ciega. ¿No la sentiste en Alemania el año pasado? Una profunda repugnancia, todavía inconsciente, a la máquina, la razón, la democracia y la cordura. Un confuso deseo de enloquecer, de convertirse de algún modo en un poseído. Poco costará a los enriquecidos cultores del odio utilizar esas tendencias, basadas en una confusa mezcla de búsqueda de sí mismo, odio, y esa hambre del alma, tan valiosa, pero tan fácilmente inclinada a la crueldad. ¡Si el cristianismo pudiera absorber y disciplinar ese apetito! Pero el cristianismo ha muerto. Estos hombres inventarán probablemente alguna espantosa religión privada. Su dios será el del club del odio, la nación. Los nuevos mesías (uno para cada tribu) no triunfarán por la bondad, el amor, sino por la execración y la brutalidad. Pues eso es lo que todos vosotros deseáis realmente, lo que duerme en lo hondo de vuestras entrañas y mentes enfermas.

Esta parrafada no me impresionó mucho. Dije que los hombres más inteligentes habían superado al viejo dios de la tribu, y que todos los imitarían muy pronto. La risa de Juan me desconcertó.

—¡Los más inteligentes! —dijo—. Uno de los principales defectos de esta desgraciada especie es que los inteligentes se encuentran muy alejados de sus segundos, y muchísimo más de los que ocupan el décimo puesto. Durante estos últimos siglos enjambres de inteligencias han metido al pueblo en sucesivos callejones sin salida, y con una valentía y resolución tremendas. Pero vuestra especie no puede abarcarlo todo. Si observáis una serie de hechos perdéis de vista, invariablemente, otros hechos también importantes. Y como no tenéis, prácticamente, un sentido interno que os guíe, a la manera de una brújula, hacia los puntos cardinales de la realidad, no puede saberse hasta dónde iréis, una vez que hayáis tomado el mal camino.

Aquí lo interrumpí.

—Es éste, sin duda, el resultado de ser inteligentes. La inteligencia nos ayuda a progresar, pero puede extraviarnos.

—Es el resultado de vuestra condición —contestó Juan— superior a la de las bestias, e inferior a la de los verdaderos hombres. Los pterodáctilos aventajaban a los anticuados lagartos, pero estaban expuestos a otros peligros. Como volaban un poco, podían estrellarse. Finalmente fueron superados por los pájaros. Y bien, yo soy un pájaro. —Hizo una pausa y luego continuó—: Hace algunos siglos los seres más inteligentes estaban en la Iglesia. En esos días nada podía compararse a la cristiandad, tanto por su significado práctico como por su interés teórico. De modo que los más grandes espíritus se unieron a ella, y generación tras generación exhibieron el brillo de sus inteligencias. Poco a poco mataron el espíritu de la religión con su afanoso teorizar. No sólo eso, usaron también la religión, o más bien sus preciosas doctrinas, para explicar los hechos físicos. Hasta que llegó otra generación que desconfiando de la validez de esos raciocinios se puso a observar cómo ocurrían en realidad las cosas en la naturaleza. Se creó así la ciencia moderna; el hombre dobló su poder y cambió la faz del mundo. Las consecuencias fueron similares a las de la religión. Las mentes más claras se dedicaron a la ciencia, o la tarea de dar una nueva visión científica del universo, o una ética racional y práctica. Dominados por la ciencia, por la técnica, y por la moral utilitaria perdieron todo recuerdo de la antigua religión y se volvieron aún más ciegos que antes con respecto a su propia naturaleza. La ciencia y la industria y la construcción de imperios no les dejó tiempo para dedicarse a problemas íntimos. Por supuesto, algunos hombres inteligentes, y no poca gente común ya desconfiaban de las ideas de moda. Después de la guerra esta desconfianza se extendió aún más. La guerra reveló al siglo XIX como un siglo idiota. ¿Qué ocurrió entonces? Algunos hombres inteligentes (inteligentes, recuérdalo) volvieron a las Iglesias. Otros opinaron que debemos luchar por el progreso de la humanidad o la felicidad de las generaciones venideras. Otros, sintiendo que la humanidad no tenía salvación, adoptaron una actitud de exquisito desamparo, basada ya en el desprecio y el odio por sus semejantes, ya en una compasión que en el fondo era lástima de sí mismos. Otros, aficionados al arte y la literatura, decidieron gozar todo lo posible en este mundo agonizante. Buscaron el placer a cualquier precio, pero un placer refinado. Por ejemplo aunque querían suprimir todas las barreras, los placeres sexuales debían ser escogidos y conscientes. Gustaban de las ideas por su sabor y su olor. Eran las moscas de una civilización podrida. ¡Pobres desventurados! En el fondo debían odiarse a sí mismos. Había buena pasta en ellos, pero se echaron a perder.

Juan había pasado recientemente varias semanas estudiando la intelligentzia. Se había presentado en Bloomsbury interpretando el papel de genio precoz, y permitiendo que un escritor muy conocido lo exhibiera como una rareza. Había actuado sin duda entre estos hombres y mujeres jóvenes, brillantes y desorientados, con una energía y decisión características, pues cuando volvió casi parecía un despojo. No transcribiré aquí sus experiencias, pero sí algunas de sus opiniones.

—¿Sabes? —me dijo—, son realmente maestros de ideas, por lo menos de las ideas de moda. Lo que piensan y sienten hoy, será lo que pensarán y sentirán los demás el año que viene. Algunos son, de acuerdo con las normas del Homo Sapiens, pensadores de primera línea, o lo hubiesen sido en otras circunstancias. Atraen a los seres más sensibles y más inteligentes del país, y estas pobres moscas caen en una tela de araña, una sutil tela de convenciones (tan sutil que la mayoría no se da cuenta) y aletean y aletean imaginando que vuelan a grandes alturas. Tienen la reputación de ser la gente menos convencional del mundo, pero los maestros les imponen la convención de lo no convencional. Son audaces, pero dentro de ciertos límites. La similitud de gustos, morales e intelectuales, los hace fundamentalmente idénticos, a pesar de algunas diferencias superficiales y pintorescas. Y las convenciones no son siquiera convenciones sólidas. Consisten en ser «brillante», y «original» y tener «experiencias». Algunos son brillantes y originales de acuerdo con los cánones de la especie, y otros saben escoger sus experiencias. Pero, atrapados en esa tela de araña, todo se reduce a una mera agitación. No hay vuelos verdaderos. El brillo es sólo lustre; la originalidad, perversión, y las experiencias, experiencias crudas. No me refiero con esto a las experiencias sexuales, aunque su afán de romper con la tradición y escapar al sentimentalismo los hizo caer en una extravagancia vulgar y estéril. Me refiero a la crudeza de... bueno, de espíritu. Aunque a menudo son muy inteligentes, para su especie, se entiende, no han logrado captar los aspectos más finos de la experiencia.

Y esto se debe en parte, me parece, a una total carencia de disciplina espiritual, y en parte a un miedo oscuro y casi inconsciente. Son todos muy sensibles al placer y al dolor; pero cuando tropezaron por vez primera con una experiencia fundamental les pareció aterradora. Evitaron desde entonces esas experiencias, y compensaron esa perpetua huida lanzándose a toda suerte de juegos menores y superficiales, aunque sensacionales, sin dejar de hablar solemnemente de la Experiencia, con E mayúscula.

Este análisis me incomodó, pues no se me escapaba que podía aplicárseme. Juan me adivinó sin duda el pensamiento, pues me sonrió y hasta se rebajó a guiñarme un ojo, de un modo perfectamente vulgar. Luego dijo:

—Al que le caiga el sayo... ¿no, viejo? No, no te preocupes. No estás preso en la tela de araña. El destino te ha salvado.

Una semana después de esta charla, el humor de Juan pareció cambiar. Hasta entonces había sido despreocupado, y hasta impúdico en sus comentarios e investigaciones. En sus épocas de mayor seriedad exhibía el interés amable, aunque distante, de un antropólogo que estudia una tribu primitiva. Hablaba voluntariamente de sus experiencias y defendía con pasión sus opiniones. Pero de pronto se hizo menos comunicativo, y cuando condescendía a hablar, sus discursos eran severos y concisos. La ironía y la burla desaparecieron. En su lugar desarrolló el hábito de demoler con frialdad y monotonía los argumentos ajenos. Esto pasó también, y su única reacción ante un comentario de interés general fue una mirada sombría y fija. Así contemplaría el hombre solitario al perrito que le hace fiestas cuando siente la necesidad de compañía humana. Si algún otro me hubiese tratado así, me habría sentido ofendido. Viniendo de Juan, me desconcertaba. Me daba una penosa conciencia de mí mismo y el irresistible deseo de volver los ojos y ocuparme de cualquier cosa.

Sólo una vez se expresó francamente. Yo había ido a su taller con el propósito de discutir uno de sus proyectos financieros. Juan estaba acostado en su litera, balanceando una pierna en el aire. Tenía las dos manos debajo de la cabeza. Me embarqué en el asunto, pero era evidente que Juan estaba distraído.

—Maldita sea, ¿no puedes escucharme? —dije—. ¿Estás inventando otro aparatito, o qué?

—Inventando, no —replicó—. Descubriendo. Había tal solemnidad en su voz que sentí miedo.

—Oh, por favor, explícate. ¿Qué te ocurre estos días? ¿No puedes decírmelo?

Juan volvió su mirada del techo a mi cara. Me miró fijamente. Empecé a llenar mi pipa.

—Sí, te lo diré —contestó—. Si puedo, o todo lo que pueda. Hace algún tiempo me hice una pregunta. La situación actual del mundo ¿es un mero accidente, una enfermedad, que podría haberse evitado o curado? ¿O es algo inherente a la naturaleza misma de tu especie? Bueno, ésta es la respuesta. El Homo Sapiens es una araña que trata de escapar de una bañera. Cuanto más sube, más empinada es la pared, y tarde o temprano caerá. Puede moverse sin dificultades mientras está en el fondo, pero apenas empieza a trepar, resbala. Y cuanto más sube, más cae. No importa qué dirección tome. Puede iniciar, sucesivamente, varias civilizaciones, pero antes de alcanzar la cima, ¡abajo!

Protesté contra la seguridad de Juan.

—Quizás sea así —dije—, pero ¿cómo puedes saberlo? El Homo Sapiens es un ser ingenioso. ¿Y si la araña logra que sus patas se adhieran a las paredes de la bañera? O supongamos que no sea una araña, sino un escarabajo. Los escarabajos tienen alas. A menudo no las usan; pero ¿no hay acaso signos de que la actual ascensión del Homo Sapiens difiere de todas las anteriores? El poder mecánico da seguridad a sus patas y yo diría que sus alas también se mueven.

Juan me miró silenciosamente, y respondió como desde muy lejos:

—No tiene alas, no tiene alas. —Y luego dijo, con una voz más normal—: En cuanto al poder mecánico, podría serle útil, pero no sabe qué hacer con él. Para cada tipo de criatura hay un límite posible de desarrollo, un límite inherente al plano de su organización. El Homo Sapiens alcanzó ese límite hace un millón de años y ahora ha iniciado un juego peligroso. Para dominar la situación actual se necesita un ser de mayor capacidad que el hombre. Por supuesto, puede ser que no caiga justo en este momento. Puede salir de esta crisis particular de la historia. Pero si lo logra, lo atacará la parálisis. Nunca podrá volar. El poder mecánico es vitalmente necesario para el espíritu humano, pero mortal para el espíritu subhumano.

—¿Cómo puedes saberlo? ¿No confías demasiado en tu propio juicio? Los labios de Juan se apretaron, esbozando una torcida sonrisa.

—Tienes razón —dijo—. Hay otra posibilidad. Si por inspiración divina, toda la especie, o por lo menos la mayor parte de ella, se hiciese de pronto verdaderamente humana, sería diferente.

Lo tomé como una ironía, pero él prosiguió:

—No, no, hablo muy en serio. No es imposible. Debes interpretar mi expresión

«por inspiración divina» como redimida de su pequeñez, de su propia naturaleza espiritual rudimentaria, por medio de un aporte súbito y espontáneo de fuerza. A muchos hombres les ocurre algo semejante. Eso fue, por ejemplo, el advenimiento del cristianismo. Pero los redimidos fueron pocos y el filón se extinguió. Si el milagro no se repite, con mayor extensión y poder, no hay esperanzas. Los primitivos cristianos, los primitivos budistas, y todos los otros, no llegaron a ser verdaderamente humanos. En cuanto a la inteligencia estaban como antes, y en cuanto a la voluntad, el cambio era profundo, pero poco firme. No lograron integrar su ser en un orden distinto y armonioso. O, dicho de otra manera, conseguían convertirse en santos, pero rara vez en ángeles. Lo subhumano y lo humano no se conciliaban. Obsesionados por la idea del pecado y la salvación del alma, no fueron capaces de vivir una nueva vida con alegría y espontaneidad creadoras.

Callamos unos instantes. Volví a encender mi pipa, y Juan dijo:

—El fósforo número nueve.

Era cierto, conté los restos de ocho fósforos aunque yo no recordaba haberlos encendido. Juan, desde la cama, no podía ver el cenicero. Por más abstraído que estuviera, notaba siempre todo lo que ocurría a su alrededor.

Enseguida empezó a hablar otra vez. Me miraba continuamente, pero yo sentía que se dirigía sobre todo a sí mismo.

—En una época —dijo— pensé que debía hacerme cargo del mundo y ayudar al Homo Sapiens a rehacerse, sobre una base más humana. Pero veo ahora que sólo eso que los hombres llaman «Dios» podría lograr algo. O si no un ejército de seres superiores venidos de otro planeta u otra dimensión. Pero me pregunto si se tomarían la molestia. Los terráqueos serían probablemente para ellos cabezas de ganado, posibles colecciones de museo, animalitos domésticos, o quizá sólo unos bichos repugnantes. De todos modos si quisiesen mejorar al Homo Sapiens, me parece que lo conseguirían. Pero yo no puedo. Creo que, si me lo propusiera, podría apoderarme del poder, encargarme de la especie normal, y hacer del mundo algo más satisfactorio y feliz; pero tendría que aceptar en última instancia las limitaciones de la especie. Tratar de que superasen sus capacidades, sería como querer civilizar un grupo de monos. El caos sería extraordinario. Se unirían contra mí, y a la larga o a la corta me destruirían. Tendría que aceptarlos como son, y eso sería desperdiciar mis mejores poderes. Más vale que dedique mi vida a criar pollos.

—Hablas con demasiada arrogancia —exclamé—. No podemos ser tan malos como crees.

—¿No? Claro, tú eres uno de ellos —dijo Juan—. Óyeme. Mis investigaciones en Europa me llevaron mucho tiempo. ¿Y qué descubrí? Creía ingenuamente que las personas más prominentes, los mejores pensadores, los jefes, en el verdadero sentido de la palabra, serían casi seres humanos. Racionales, eficientes, desprendidos, íntegros. Nada de eso. En su mayoría están por debajo del nivel común. La posición misma los ha echado a perder. Piensa en el viejo Z. (Nombró a un Ministro del Gabinete). Si lo vieses como lo vi yo, te sorprenderías. No siente nada fuera de las cosas que atañen a su pueril autoestimación. Todo llega a él a través de una capa de nociones preconcebidas, clichés, frases diplomáticas. Una mosca que vuela sobre un río tiene más idea de los peces que él de la política. Recurre, por supuesto, al ardid de repetir una serie de frases que podrían significar algo, pero no para él. Frases que son piezas en el rompecabezas de la política. No vive para las cosas reales. Toma otro caso: el de Y, magnate del periodismo. Es una rata del arroyo, de escasa inteligencia, que ha encontrado una receta para hacer dinero. Le hablas de la realidad y no sabe a qué te refieres. Pero no sólo en la gente de esta clase se da esa combinación de poder e insustancialidad. Hay verdaderos conductores, como el joven X, cuyas ideas revolucionarias van a afectar enormemente el pensamiento social. X es hombre inteligente, y de carácter. Pero nadie, ni él mismo, conoce sus verdaderos motivos. Pasó miserias hace algún tiempo, y ahora desea vengarse. Dejémosle, y ojalá tenga suerte.

Pero piensa en lo que es tener esa meta, aun inconscientemente. Le ha permitido trabajar con eficacia, pero también lo ha estropeado, pobre hombre. O toma el caso del filósofo W, que tanto ha hecho por destruir la confianza simplista de la vieja escuela en las palabras. Su problema es similar al de X. Lo conozco muy bien a ese bicharraco. La raíz de todos sus esfuerzos es la idea que tiene de sí mismo: hombre que no se inclina ante otros hombres ni ante Dios, exento de prejuicios y sentimentalismos, fiel a la razón, pero no su ciego esclavo. Todo esto que podría ser admirable, lo obsesiona de tal modo que pierde la cabeza. No se puede ser un verdadero filósofo si se tiene una obsesión. ¿Y V? Los electrones o las galaxias carecen de secretos para él, y ha tenido ciertas experiencias de tipo espiritual. Y bien,

¿cómo funciona esta vez el mecanismo? Es una criatura amable y simpática. Le gusta pensar que el Universo es irreprochable, desde el punto de vista humano. De ahí sus investigaciones y especulaciones. Por otra parte su experiencia espiritual le indica que la ciencia es insuficiente. Muy bien, otra vez; pero como su experiencia espiritual no es muy profunda y se mezcla con su bondad, ésta le hace decir cosas acerca del Universo que son meras invenciones.

Juan calló. Luego suspiró y dijo:

—De nada sirve seguir. La conclusión es muy simple. El Homo Sapiens está al final de su carrera, y no voy a dedicar mi vida a una especie condenada.

—Estás muy seguro de ti mismo, ¿no? —le pregunté.

—Sí —dijo—, perfectamente seguro de mí mismo en ciertas cosas, y totalmente inseguro en otras. Pero hay algo evidente. Si me encargase del Homo Sapiens no podría hacer mi verdadero trabajo. No sé todavía en qué consiste. Pero tiene su raíz en mi interior. Por supuesto, no se trata de salvar mi alma. Yo, como individuo, puedo condenarme sin que el Universo se entere. En realidad, mi condenación podría contribuir a la belleza del mundo. No me preocupo por mí mismo, pero pienso que puedo hacer algo importante. Esto lo sé. Sé que debo empezar... bueno, por el descubrimiento interior de una realidad exterior, objetiva. ¿Me sigues?

—No muy bien —dije—, pero continúa.

—No —contestó—, no por ese camino. No hace mucho sentí miedo, miedo de veras. Y no me asusto fácilmente. Yo había ido a la final del campeonato de fútbol, para ver a la muchedumbre. Recordarás que la lucha fue reñida y tres minutos antes del final se produjo un incidente por un foul. La pelota entró en la portería antes que sonara el silbato del árbitro y ese gol decidía el partido. Bueno, el público enloqueció. No me asusté porque pudiesen herirme. No en la refriega. No, me habría gustado muchísimo pelear si hubiera sabido de qué lado ponerme y si hubiese habido una razón. Pero no la había. Era claramente un foul. El precioso «instinto deportivo» de la muchedumbre no sirvió de nada. Perdieron la cabeza y se transformaron en bestias. Sentí entonces, con un estremecimiento, que yo era diferente de todos los otros: un hombre solo en medio de un rebaño. Era ésta una buena muestra de la población del mundo, de los mil seiscientos millones de Homo Sapiens; una muestra que emitía un rugido característico, y ahí estaba yo, una criatura torpe, ignorante, pero humana, realmente humana, quizá el único ser realmente humano en el mundo. Y por ser realmente humano se alzaba ante mí la posibilidad de una nueva meta espiritual y era más importante que el resto de los mil seiscientos millones. Pero aquellos aullidos eran lo peor. No temía a esos hombres, sino a lo que representaban. No los temía como individuos, por así decirlo. Desde ese punto de vista la sensación de estar solo me resultaba emocionante; si se hubiesen vuelto contra mí, me habría peleado con todos ellos. Pero me asustaba el pensamiento de mi enorme responsabilidad y las dificultades que encontraría en mi camino.

Juan calló. Yo estaba tan asombrado por la importancia que se atribuía, que no supe qué decir. Al rato, Juan dijo:

—Ya sé, Fido, que esto te parecerá fantástico. Pero quizás pueda hacerte comprender. Nadie ignora la posibilidad de otra guerra mundial que podría acabar con todo. Y la situación es más grave aún de lo que se piensa. No sé realmente qué le ocurrirá a la especie; pero, por razones psicológicas, si no se produce un milagro, puede temerse lo peor. He conocido a muchos hombres grandes y pequeños y veo claramente que, en asuntos importantes, el Homo Sapiens es una especie difícil de educar. No ha aprendido la lección de la última guerra. No muestra más inteligencia práctica que una mariposa que se acerca una y otra vez a la llama de una vela, hasta quemarse las alas. Mucha gente ve el peligro. Pero son los que no actúan. Con esta nueva religión del nacionalismo y los adelantos de la técnica, el desastre es casi inevitable. A menos que se produzca un milagro; lo que, por supuesto, puede ocurrir. Un salto hacia delante, hacia una mentalidad más humana; una revolución social y religiosa que abarcara el mundo entero. Y si no, bastarán quince o veinte años para que la enfermedad se transforme en agonía. Las grandes potencias se atacarán entre ellas, y la civilización concluirá en unas pocas semanas. Desde luego, yo podría demorar la explosión. Pero, como ya te dije, sería renunciar a la única tarea realmente vital e importante. La cria de pollos no vale tal sacrificio. En verdad, Fido, estoy harto de tu maldita especie. Debo luchar por mi mismo y, si es posible, evitar que el desastre proximo me aplaste.

11

EXTRAÑOS ENCUENTROS

Juan tomó su grave decisión a propósito del Homo Sapiens en una época en que se preparaba en él una importante crisis espiritual. Unas semanas después del incidente que acabo de describir, se encerró más que nunca en sí mismo y evitó la compañía de sus antiguas amistades. Su interés por las curiosas criaturas que solía frecuentar desapareció de pronto. Su conversación se hizo superficial, aunque en algunas ocasiones se ponía a discutir furiosamente con cualquiera. Parecía como si desease intimar con nosotros y no pudiese. Me invitaba a ir al campo, o a un teatro, y después de algunos esfuerzos por recobrar nuestra antigua confianza, caíamos en un lamentable silencio. A veces seguía a su madre como un perrito, sin abrir la boca. Pax estaba muy preocupada y temía en realidad «que se le estuviese debilitando el cerebro», tan callado y deprimido se mostraba el muchacho. Una noche, unos quejidos la llevaron a la habitación de Juan. «Lloraba como un niño que no puede salir de una pesadilla», comentó más tarde. Le acarició la cabeza y le preguntó qué le pasaba. Entre sollozos Juan le dijo:

—Oh, Pax, ¡estoy tan solo!

Pasaron así varias semanas, y un día Juan desapareció. Sus padres estaban acostumbrados a estas ausencias, que nunca eran muy largas, pero esta vez recibieron una tarjeta sellada en Escocia, donde Juan anunciaba que pasaría unas vacaciones en los picos del norte. No volvería «por un tiempo».

Un mes después, cuando ya comenzábamos a inquietarnos, mi amigo Ted Brinstone, a quien le había hablado de Juan, me contó que McWhist, el alpinista, había encontrado «una especie de muchacho salvaje en las montañas de Escocia». Se ofreció para ponerme en contacto con McWhist.

Días después, Brinstone me invitó a cenar con McWhist y su compañero Norton. Me sorprendió y desconcertó ver que los alpinistas evitaban referirse al incidente. El alcohol, sin embargo, o mi ansiedad a propósito de Juan, vencieron finalmente toda resistencia. Habían explorado los mal conocidos despeñaderos de Ross y Cromarty, luego de levantar la tienda a orillas de un lago. Un día caluroso, mientras escalaban la resbaladiza ladera de una montaña que no quisieron nombrar, oyeron unos extraños sonidos que venían aparentemente de la hondonada. Estos sonidos no eran ni totalmente animales ni totalmente humanos y decidieron descubrir su origen. Llegaron así a un arroyo y encontraron un muchacho desnudo, no muy lejos de la orilla, que cantaba o aullaba. Era algo «escalofriante» dijo McWhist. Al verlos, el muchacho echó a correr, escondiéndose entre los arbustos. Lo buscaron inútilmente.

Unos días después narraron este episodio en una pequeña taberna. Un hombre del lugar, de barba roja, que había bebido bastante, contó inmediatamente una serie de encuentros con ese muchacho... si era muchacho y no un genio de las aguas. El sobrino del tabernero dijo entonces que él lo había perseguido hasta que desapareció transformándose en un remolino de nieve. Otro se había topado con él en un acantilado y los ojos de la criatura eran grandes como balas de cañón, y negros como el infierno.

Esa misma semana los alpinistas se encontraron otra vez con el joven. Estaban escalando una escarpada chimenea, y habían llegado a un punto de donde parecía imposible seguir avanzando. McWhist, que dirigía el ascenso, había izado a su compañero y se disponía a circundar una saliente muy escabrosa en busca de otra ruta. De pronto una manó pequeña apareció en el extremo más lejano del pico. Un momento después asomó un cuerpo delgado y moreno, seguido por un rostro singularmente extraño. Por la descripción de McWhist tuve la certeza de que se trataba de Juan. Me preocupó el énfasis con que el alpinista hablaba de la delgadez del rostro. Las mejillas parecían haberse convertido en arrugados trozos de cuero, y la mirada tenía un brillo inusitado. Casi enseguida el rostro adquirió una expresión de acentuado disgusto, y desapareció otra vez detrás del pico. McWhist se asomó a la saliente. Juan descendía por la cara lisa de la montaña que los alpinistas habían encontrado impracticable. Al relatar el incidente, McWhist exclamó:

—Dios mío, el muchacho sabía descender. Resbalaba prácticamente por la roca. Cuando llegó al fondo del abismo, cortó camino hacia la izquierda y desapareció.

El encuentro final con Juan fue más prolongado. Los alpinistas, calados hasta los huesos, bajaban dificultosamente de la montaña en medio de una tormenta nocturna. El viento era tan violento que apenas podían avanzar. Advirtieron, de pronto, que se habían extraviado y que estaban del otro lado de la montaña, rodeados de precipicios. Pero, con la ayuda de las cuerdas, comenzaron a bajar por un desfiladero, cerrado por rocas desmoronadas. Descendían aún, cuando los sorprendió un olor a humo. La humareda salía de detrás de una losa, en un ángulo de la montaña. Dificultosamente, apoyándose en unas salientes escasas y poco seguras, McWhist consiguió llegar a una plataforma, al pie de la losa humeante. Norton lo siguió. Por debajo y por los costados de la losa se veía luz. Unas piedras más pequeñas y las laderas de la chimenea sostenían la losa. Inclinándose hacia delante miraron por el agujero iluminado. Era una caverna de forma irregular, donde ardía un fuego de carbón y brezos. Juan yacía en una cama de hierbas secas. Miraba fijamente el fuego y tenía el rostro bañado en lágrimas. Estaba desnudo, pero cerca de él había un montón de pieles. Junto al fuego, en una piedra chata, se veían los restos de un ave asada.

Inmensamente desconcertados, los alpinistas se retiraron en silencio. Pero enseguida decidieron en voz baja que debían intervenir. Hicieron sonar sus botas en las rocas, como si acabasen de llegar a la cueva, y McWhist, sin hacerse ver, preguntó a gritos si había alguien. No hubo respuesta. Espiaron otra vez por la pequeña abertura. Juan no se había movido. Cerca del pájaro asado, había una lanza o cuchillo de hueso, de típica factura casera, pero cuidadosamente afilado. Desparramados por el suelo se veían otros implementos del mismo material, algunos decorados con dibujos. Había también una especie de caramillo de juncos y un par de sandalias. Los alpinistas se asombraron ante la falta de signos de civilización; no había, por ejemplo, ningún objeto metálico.

Llamaron otra vez, pero Juan tampoco respondió. McWhist entró entonces ruidosamente y puso una mano sobre los desnudos pies del muchacho, sacudiéndolo con suavidad. Lentamente Juan se volvió y miró desconcertado al intruso; luego, de pronto, pareció animado por una hostil inteligencia. Se arrodilló de un salto y tomó una especie de estilete de cuerno de venado. Los enormes ojos relampagueantes y el inhumano ronquido sorprendieron tanto a McWhist que éste retrocedió hasta la estrecha boca de la caverna.

—Entonces —continuó McWhist— ocurrió una cosa extraña. La furia del muchacho desapareció y me miró atentamente como a una bestia desconocida. De pronto pareció pensar en otra cosa. Arrojó el arma, y volvió a contemplar el fuego con aquella mirada de atroz desventura. Se le humedecieron los ojos y la boca se le torció en una especie de sonrisa desesperada.

En este punto McWhist interrumpió su narración, con una expresión huraña y triste a la vez. Dio unas cuantas chupadas violentas a su pipa, y al fin prosiguió:

—Era evidente que no podíamos dejarlo en aquel estado, de modo que le pregunté si podíamos hacer algo por él. No contestó. Volví a acercarme y me agaché a su lado, esperando. Le puse una mano en la rodilla tan suavemente como me fue posible. Se sacudió, estremeciéndose, y me miró con el ceño fruncido como si tratara de ordenar sus pensamientos. Llevó la mano al estilete, se contuvo, y al fin dijo con una dura sonrisa infantil: «Oh, por favor entren. No golpeen. Es un lugar público». Enseguida agregó: «Qué plaga, ¿no pueden dejar tranquila a la gente?». Le dije que lo habíamos encontrado por casualidad, pero que no habíamos podido dejar de inquietarnos. Le conté que nos había sorprendido mucho su manera de trepar la vez pasada. Era una pena verlo allí, solo, lejos del mundo. Le pregunté si quería volver con nosotros. Sacudió la cabeza, sonriendo, y dijo que estaba muy bien. Quería pensar y necesitaba unas vacaciones. Al principio le había costado alimentarse, pero ahora había vencido todos los inconvenientes, y le sobraba tiempo. Luego se rió. Era una risa corta y aguda que me erizó la piel.

Aquí intervino Norton y dijo:

—Por ese entonces yo también había entrado en la cueva y observaba asombrado su delgadez. Sus músculos parecían cuerdas. Estaba cubierto de heridas y moretones. Pero lo más terrible era aquella mirada; una mirada que sólo he visto en los que acaban de salir de una anestesia después de una operación difícil, como si dijéramos purificados. ¡Pobre criatura! Evidentemente, acababa de salir de algo, pero ¿de qué?

—Al principio —dijo McWhist— creímos que estaba loco. Pero ahora puedo jurar que no. Era un poseso. Algo desconocido, bueno o malo, se había apoderado de él. Todo me estremecía: el ruido de la tormenta, la tenue luz del fuego, el humo que se negaba a salir por aquella especie de chimenea. Sentíamos, además, la falta de alimento. Nos ofreció los restos del pájaro asado, y algunas fresas, pero, naturalmente, no nos atrevimos a dejarlo sin víveres. Le preguntamos otra vez si podíamos ayudarlo de algún modo. Y nos dijo que sí, que podíamos comprometernos a no hablar con nadie sobre el asunto. Le pregunté si no podríamos llevar un mensaje a su familia. Se puso muy serio y dijo enfáticamente: «No, no hablen con nadie, con nadie. Olvídense. Si los periodistas me descubren», añadió con lentitud y frialdad, «tendré que matarme». No supimos qué decir. Sentíamos que había que hacer algo y, a la vez, que debíamos prometerle que guardaríamos el secreto.

McWhist hizo una pausa, y luego prosiguió, pensativo:

—Se lo prometimos. Salimos de la cueva y buscamos en la oscuridad nuestra tienda. El muchacho iba adelante sin cuerdas, para mostrarnos el camino... —El alpinista calló un instante y enseguida añadió—: El otro día cuando oí hablar a Brinstone del muchacho que usted busca, quebré mi promesa. Y ahora me siento como el diablo.

Reí y le expliqué:

—Bueno, no se preocupe. No seré yo quien dé la noticia a los periódicos.

—No es sólo eso —dijo Norton—. Hay algo que McWhist todavía no le ha dicho. Continúa, Mac.

—No —dijo McWhist—. Prefiero que lo digas tú. Hubo un silencio, y Norton rió torpemente.

—Bueno, cuando uno trata de contarlo fríamente ante una taza de café, parece una locura —dijo—. Pero, maldita sea, si la cosa no ocurrió, algo extraño nos sucedió entonces a nosotros, pues lo vimos tan claramente como lo estamos viendo a usted.

Hizo una pausa que McWhist aprovechó para incorporarse y examinar los libros de un estante.

—El muchacho —siguió Norton— deseaba, nos dijo, que recordásemos haber vislumbrado algo maravilloso, y para nosotros incomprensible. Nos mostraría algo que no olvidaríamos y nos ayudaría a mantener el secreto. Su voz había cambiado extrañamente. Era muy baja, pausada y tranquila. Estiró el brazo huesudo hacia el techo, y dijo: «Esta losa debe de pesar unas cincuenta toneladas. Afuera no hay más que la tormenta. Pueden ver la lluvia». Señaló el agujero de la entrada. «¿Y eso qué importa?», añadió en un tono frío y orgulloso. «Veamos las estrellas». Después, Dios mío, usted no lo podrá creer, y es lógico, pero el muchacho levantó la pesada losa con la punta de un dedo, como si fuese la puerta de una trampa. Entró una ráfaga fría de viento y lluvia, pero se extinguió inmediatamente. A medida que levantaba la losa, el muchacho se ponía de pie. Sobre nuestras cabezas se abrió un cielo sereno, claro, estrellado. El humo del fuego se alzó hacia la oscuridad en una fluctuante columna borrando algunas estrellas. El muchacho siguió levantando la losa. Luego se recostó suavemente sobre ella y dijo: «Ya está». A la luz de las estrellas y las llamas, pude ver su rostro levantado hacia el cielo. Transfigurado, luminoso, atento, en paz.

»Se quedó así, y callado, durante quizás medio minuto. Luego nos miró, sonrió y dijo: «No lo olviden. Hemos mirado juntos las estrellas». Bajó suavemente la losa y continuó: «Creo que ahora es mejor que se vayan. Les haré atravesar el primer precipicio. Es difícil de noche». McWhist y yo estábamos como paralizados y no nos movimos. El muchacho rió con amabilidad, tratando de infundirnos confianza, y dijo algo que desde entonces me obsesiona. No sé si le ocurrirá lo mismo a McWhist.«Fue un milagro infantil» dijo. «Pero todavía soy un niño. Mientras el espíritu en agonía trata de superar su infancia, puede encontrar solaz, de vez en cuando, en estos juegos, aun reconociendo su trivialidad». Salimos de la cueva. Afuera soplaba el viento.

Callamos. Entonces McWhist se volvió y se dirigió bruscamente a Norton:

—Recibimos una clara señal y hemos sido infieles. Traté de calmarlo.

—Infieles en la letra —dije— quizás, pero no en el espíritu. Estoy perfectamente seguro de que a Juan no le importaría que yo lo supiera. En cuanto al milagro, no me preocupa —dije aparentando una confianza que no sentía—. Probablemente los hipnotizó de alguna manera. Es un muchacho raro.

Hacia fines del verano, Pax recibió una tarjeta que decía: «En casa mañana a la noche. Baño caliente, por favor. Juan».

En la primera oportunidad, tuve una larga charla con Juan sobre sus vacaciones. Me sorprendió descubrir que no se negaba a hablar, y que aparentemente había superado aquella fase de tristeza incomunicable que tanto nos había preocupado. No creo haber comprendido todo lo que me dijo y me parece que calló muchas cosas pensando que yo no las entendería. Creo que trató de traducir sus verdaderos pensamientos a un lenguaje que me fuese inteligible, y que la traducción le parecía con todo muy imperfecta. Sólo puedo transcribir sus declaraciones menos incomprensibles.

12

JUAN EN EL DESIERTO

Juan me dijo que cuando comprendió la miseria del Homo Sapiens sintió una

«trágica sensación de fatalidad» y, al mismo tiempo, el deseo de estar solo. La soledad le pesaba, sobre todo, en medio de la gente. Le parecía, a la vez, que algo extraño acosaba su espíritu. Al principio pensó que se volvía loco, pero se aferró a la idea de que, al fin y al cabo, estaba todavía creciendo. Debía, evidentemente, quemar las naves, y afrontar ese cambio. Era como una larva que sintiera la proximidad de la disolución y la regeneración, y se protegiese a sí misma envolviéndose conscientemente en un capullo.

Además, si no comprendí mal, se sentía espiritualmente contaminado por la civilización del Homo Sapiens.

Sentía que debía, aunque fuera por un tiempo, borrar de sí todo vestigio de esa civilización, enfrentar el universo absolutamente desnudo, probar que podía vivir solo, sin depender de la criatura primitiva que dominaba el planeta. Pensé en un principio que este anhelo de vida sencilla no era más que una excusa para una aventura infantil, pero veo ahora que tuvo para Juan una gran importancia.

Fueron éstos los motivos que lo llevaron a la parte más desierta del país. La firmeza con que llevó a cabo su plan es sorprendente. Bajó en una estación ferroviaria de los Highlands, almorzó en una posada, y se lanzó a caminar por el páramo hacia los montes. Cuando le pareció que no lo molestarían, se quitó las ropas, incluso los zapatos, y las escondió en una cavidad. Estudió cuidadosamente el lugar, para poder recuperar más tarde sus propiedades, y echó a andar desnudo por el desierto en busca de comida y refugio.

Los primeros días fueron una prueba terrible. El tiempo era húmedo y frío. Debe recordarse que Juan era muy resistente y que se había preparado para esta aventura estudiando cómo poder subsistir en los valles y páramos de Escocia sin ninguna clase de utensilios. Pero en un comienzo la suerte le fue adversa. A causa del mal tiempo era indispensable encontrar un refugio y tuvo que perder muchas horas que hubiese podido dedicar a la búsqueda de comida.

Pasó la primera noche bajo una roca, envuelto en hierbas y brezos que había recogido anteriormente. Al otro día cazó una rana. La desmembró con una piedra y se la comió cruda. Se alimentó también de hojas de diente de león y otras plantas comestibles. Contribuyeron asimismo a su dieta, ese día, y durante toda su aventura, algunas especies de hongos. Al día siguiente se sentía bastante mal. La tercera noche tenía fiebre, tos y diarrea. El día anterior, previendo una posible enfermedad, había perfeccionado su refugio y almacenado algunas plantas que consideró menos indigestas. Durante algunos días, no recordaba cuántos, permaneció acostado, desesperadamente enfermo. Apenas podía arrastrarse hasta el arroyo en busca de agua.

—Debo de haber delirado —me dijo— pues me pareció que Pax me visitaba. Volví en mí, descubrí que Pax no estaba conmigo, y pensé que me estaba muriendo. Sentí entonces un amor desesperado por mí mismo. Me torturaba pensar que me estaba desperdiciando. Luego sentí un gozo inefable, el gozo de ver las cosas como por los ojos de Dios y descubrir que, después de todo, tenían sentido.

»Siguieron algunos días de convalecencia. No recordaba qué había motivado mi aventura. Pasaba el día acostado y me preguntaba por qué me había atribuido a mí mismo tanta importancia. Afortunadamente, antes de poder arrastrarme de nuevo hasta la civilización, me obligué a luchar contra este derrumbe espiritual. Porque aun en mi estado más abyecto, sabía, vagamente, que en algún lugar me esperaba otro yo, un yo mejor. Bueno, apreté los dientes y resolví continuar mi tarea, aun a riesgo de perder la vida.

Poco después de haber tomado esa decisión, llegaron a su escondite en la montaña unos muchachos con un perro. Juan desapareció de un salto. Debieron de haber visto su pequeña figura desnuda, pues echaron a correr dando gritos. Tan pronto como se puso de pie, Juan descubrió que se le doblaban las piernas. Se sintió desfallecer.

—Pero aún entonces —dijo— pude recurrir a una escondida reserva de vitalidad. Emprendí una carrera endiablada, doblé la colina por una dura pendiente, y me metí en un resquicio entre las rocas. Luego debo de haberme desmayado. En realidad creo que estuve inconsciente unas veinticuatro horas, porque cuando me desperté amanecía. Me dolía todo el cuerpo y me sentía tan débil que no podía dejar mi incómoda posición.

Ese mismo día, más tarde, pudo arrastrarse hasta su cueva, y con gran dificultad transportó el lecho a lugar más seguro. El día era cálido y luminoso. Pasó diez días buscando ranas, lagartos, caracoles, huevos de pájaros y plantas, o simplemente acostado al sol, recuperando fuerzas. A veces pescaba algunos peces, atrapándolos con la mano en un recodo del río. Durante todo un día trató de hacer fuego golpeando dos pedruscos sobre un manojo de hierbas secas. Al fin tuvo éxito y empezó a cocinar su comida con orgullo y expectación. De pronto vio un hombre a la distancia, evidentemente interesado por el humo. Lo apagó enseguida, y decidió internarse aún más en el desierto.

Entretanto, los pies comenzaron a dolerle terriblemente. Aunque endurecidos por una larga práctica, no podrían soportar una caminata importante. Se fabricó unos zapatos con hierbas retorcidas que ató alrededor de los pies y los tobillos. Pero se deshacían o se gastaban enseguida. Después de varios días de exploración, y de dormir varias noches al aire —en dos de ellas llovió copiosamente— descubrió la caverna alta donde lo encontraron los alpinistas.

—Fue justo a tiempo —dijo—. Mi estado era lamentable. Los pies hinchados y ensangrentados, una tos de ultratumba y diarrea. Pero en aquella cueva, luego de las últimas semanas, sentí un bienestar que no había experimentado en mi vida. Me preparé una cama agradable, abrí una chimenea, y me sentí protegido contra los intrusos. Era una montaña alejada y muy poca gente podría escalar esas alturas. No muy lejos habitaban guacos, chochas y ciervos. La primera mañana, sentado al sol sobre mi techo, realmente cómodo y feliz, vi una manada de ciervos que cruzaban el páramo con la cabeza y las orejas erguidas.

Estos ciervos atrajeron durante un tiempo su atención. Se sentía fascinado por su libertad y su belleza. Por cierto, vivían ahora en el seno de la civilización; pero habían existido mucho antes. Además, Juan soñaba con la enorme riqueza material que podía brindarle la muerte de uno de esos ciervos. Y tenía, aparentemente, el raro deseo de probar su fuerza y astucia contra un oponente de esa especie. Le alegraba convertirse en un cazador primitivo, aunque sentía, muy en lo hondo, que esto era sólo una especie de purificación, y que lo esperaban empresas más importantes.

Durante diez días, aproximadamente, se dedicó a inventar trampas para pájaros y liebres. En el tiempo libre se limitó a descansar, y pensar en los ciervos. Cobró la primera liebre, después de varios fracasos, tendiéndole una trampa en el camino. Una ramita mantenía en equilibrio una piedra pesada. La liebre derribó la ramita y la piedra le quebró el espinazo. Pero, durante la noche, un zorro devoró la mayor parte del animal. Juan, no obstante, fabricó con la piel una rústica cuerda para el arco y suelas y capelladas para sus pies. Pelando los huesos y afilándolos en las rocas hizo unos frágiles cuchillitos y unas agudas y minúsculas puntas de flecha. Diversas trampas, su arco y flechas de juguete, junto con una enorme paciencia y su conocida habilidad le aseguraron caza suficiente como para recuperar fuerzas. Dedicaba, prácticamente, la totalidad de su tiempo a la caza, las trampas, la cocina, y a hacer pequeños utensilios de hueso, madera o piedra. Todas las noches se envolvía en su lecho de hierbas y dormía, muerto de cansancio, pero en paz. A veces llevaba su lecho fuera de la cueva, y pasaba la noche al borde del precipicio bajo los astros y las nubes flotantes.

Pero no había enfrentado el problema de los ciervos, y menos aún el problema espiritual, verdadero motivo de su aventura. Era evidente que si su vida no mejoraba, no le quedaría tiempo para la meditación. Matar un ciervo se convirtió para Juan en un símbolo. Pensar en esa muerte despertaba en él sentimientos inusitados.

—Era como si me desafiasen todos los cazadores de la historia —dijo—, y como si... como si... bueno... como si los ángeles me ordenaran realizar esta hazaña, preparándome así para otras más importantes. Soñaba con ciervos, con su belleza, su poder y su rapidez.

Ideaba, ordenaba y rechazaba todos los planes. Aceché el rebaño, desarmado, con la sola intención de estudiar sus costumbres. Un día vi a diez cazadores que derribaban un ciervo. Los desprecié. Me parecieron fieras salvajes que se lanzaban sobre mi rebaño.

Pero enseguida me reí de mí mismo. Yo no tenía sobre esas criaturas más derecho que cualquier otra. La historia de cómo Juan cobró finalmente su ciervo me pareció casi increíble. Pero tuve que admitirla. Había elegido como víctima el mejor animal del rebaño, un rey de ocho años, con tres cuernos a la derecha y cuatro a la izquierda. El peso de la cornamenta daba a su cabeza un aire majestuoso. Un día, Juan y el ciervo se encontraron frente a frente en el páramo, a veinte pasos de distancia. Se miraron durante tres segundos. Luego la bestia se volvió, alejándose graciosamente.

Mientras Juan describía ese encuentro, un fuego sombrío parecía iluminarle los ojos. Recuerdo que dijo:

—Lo saludé desde el fondo de mi alma. Luego lo compadecí, pues era joven, y su destino estaba escrito; pero recordé que yo también era un condenado. Supe, de pronto, que nunca llegaría al final de mi juventud. Y me reí, por mí y por él. La vida era breve, tumultuosa, y la muerte era parte de la vida.

Juan tardó en decidirse. ¿Cavaría una trampa, lo enlazaría, lo aplastaría con una piedra, o le lanzaría una flecha de hueso? Casi todos estos métodos le parecían poco prácticos. Todos, menos el último, eran desagradables, y el último no servía. Durante algún tiempo fabricó armas de distinta clase: de madera, de frágiles huesos de liebre, de afiladas astillas de piedra.

Al fin obtuvo un absurdo estilete de hoja de madera y puño de hueso. Con esta arma, y sus conocimientos de anatomía, se propuso saltar sobre el venado y atravesarle el corazón. Y esto fue lo que hizo, después de varios días de infructuoso acecho. Junto al claro donde pastaban los animales había una roca de tres metros de altura. Allí esperó Juan una mañana, amparado por un viento contrario. El enorme animal apareció de pronto seguido por tres hembras. Miraron y olfatearon prudentemente y bajando la cabeza se pusieron a pastar. Hora tras hora esperó Juan a que el animal pasase debajo de la roca. Parecía que evitase deliberadamente el lugar peligroso. Finalmente los cuatro ciervos abandonaron el claro. Juan esperó vanamente otros dos días. El cuarto día al fin el animal se acercó. Juan saltó sobre él, tumbándolo sobre las hierbas. Antes que el ciervo pudiera volver a erguirse, ya el cuchillo le había atravesado el corazón. Intentó todavía ponerse de pie y, sacudiendo salvajemente su cornamenta, desgarró el brazo del muchacho. Luego cayó al suelo. La actitud de Juan fue inusitada en un cazador. Por tercera vez en su vida, estalló en lágrimas espontáneas.

Trabajó varios días para desmembrar el cuerpo. Esta tarea le resultó más difícil que matar al animal, pero disponía ahora de una gran cantidad de carne, un cuero de gran valor, y una cornamenta que, después de innumerables esfuerzos, cortó en pedazos con un pedrusco. De estos pedazos obtuvo cuchillos y otros utensilios que afiló contra las rocas.

Por fin pudo alzar las manos fatigadas, cubiertas de ampollas sangrientas. Los cazadores de todos los tiempos le rindieron homenaje. Había realizado una hazaña sin par. Era un niño. Se había internado desnudo en el desierto, y lo había conquistado. Y los ángeles le sonreían y lo invitaban a aventuras más osadas.

Su vida cambió. Ahora le era bastante fácil subsistir y hasta se sentía cómodo. Instalaba trampas, lanzaba flechas y recogía verduras; pero todo esto era mera rutina. Podía llevarlo a cabo prestando atención sobre todo a los extraños y turbadores acontecimientos que comenzaban a desarrollarse en su interior.

Me es imposible, naturalmente, narrar con exactitud el aspecto espiritual de la aventura de Juan en el desierto. Ignorarlo, sin embargo, sería desconocer lo esencial. Debo, por lo menos, tratar de transcribir lo que me pareció comprensible, y que puede tener un importante significado para los seres de mi especie. Creo que hasta mi incomprensión me iluminó de algún modo.

Durante un tiempo, Juan se dedicó, principalmente, al arte. Cantaba junto a las cataratas; construía y tocaba sus caramillos en una extraña escala propia. Ejecutaba sus raras melodías a orillas del lago, en el bosque, en la montaña, y en su casa de piedra. Grababa en sus utensilios dibujos que armonizaban con la forma y uso de los mismos. En las piezas de asta y de piedra recordó simbólicamente sus aventuras con los pájaros, los peces, el ciervo. Creó curiosas formas que resumían la tragedia del Homo Sapiens, y la promesa de su propia especie. Al mismo tiempo, abría su alma a las formas naturales. Aceptaba y comprendía la naturaleza del páramo, el cielo y los picos. Encontraba en estos contactos con la realidad una satisfacción que también nosotros conocemos, aunque de modo confuso y débil. La belleza de las bestias y las aves que cazaba, una belleza que expresaba poder, fragilidad, vitalidad, y tontería, lo sorprendía constantemente, como una luz nueva. Las formas orgánicas parecían haberlo conmovido de un modo muy profundo, y para mí incomprensible. El ciervo que había matado y devorado, y cuyos restos utilizaba ahora diariamente, parecía tener para él un profundo simbolismo, que yo apenas podía apreciar, y que no trataré de describir. Recuerdo su exclamación:

—¡Cómo lo conocía y admiraba! Pero su muerte coronó su vida.

Esta observación resumía, creo, un nuevo punto de vista que Juan había adoptado recientemente acerca de sí mismo, el Homo Sapiens, y todas las cosas vivas. Nunca pude aprehender su esencia, pero alcancé a percibir unos pálidos reflejos. Intentaré transmitirlos.

Se recordará que Juan no se preocupaba, ni aun en su niñez, por las situaciones de las que era víctima. Hasta parecía complacerse en ellas. Refiriéndose a estas situaciones decía:

—Siempre pude gozar de la «verdad» y «realidad» de mis propios dolores y penas, aun cuando los detestase. Pero de pronto me encontré ante algo horrible, totalmente nuevo, y que todavía no podía identificar. Hasta entonces mis penas habían sido sólo frustraciones, aisladas y pasajeras. Y ahora veía todo mi futuro como una frustración más vívida y penosa que nunca. Comprendí que era un ser único, mucho más consciente que los demás. Empecé a conocerme, y a descubrir en mí toda clase de capacidades nuevas y sutiles. Vi al mismo tiempo, con excesiva claridad, que el Homo Sapiens era una raza salvaje que jamás me toleraría. Ni a mí, ni a ninguno de mi especie. Más tarde o más temprano la especie humana caería sobre mí con todo su peso. Y cuando me dije que, después de todo, eso no importaba realmente, y que yo sólo era un microbio sin importancia, excesivamente inclinado al escándalo, algo en mí afirmó imperiosamente que, aunque yo no importara, la belleza que podía crear, y el culto que empezaba a concebir, importaban, sí, de veras, y debían realizarse. Y comprendí, también, que no se realizarían, que nunca crearía esas obras maravillosas que deberían coronar mi existencia. Esta agonía no tenía ninguna relación con lo que conocí en mi niñez.

Mientras luchaba contra este horror, antes de triunfar sobre él, advirtió que para los miembros de la especie normal todos los dolores, todas las angustias del cuerpo y la mente tenían ese mismo carácter de insuperable espanto. Fue para Juan una sorprendente revelación comprender que los seres humanos normales son incapaces de desinteresarse de sus sufrimientos personales, o de prestarles verdadera atención. Por primera vez vio, claramente, las torturas que aguardan en todo momento a seres más sensitivos y conscientes que las bestias, aunque no bastante sensitivos ni enteramente conscientes. La imagen de un mundo semihumano, agobiado por pesadillas, lo oprimió hasta la desesperación.

Su actitud hacia la especie normal sufría un cambio profundo. Al huir al desierto lo dominaba el disgusto. Amaba irracionalmente a algunos de nosotros. Lo habíamos ensuciado y envenenado. Sus investigaciones en el mundo de los hombres habían sido devastadoras para una mente que, aunque superior, era aún excesivamente delicada y joven. La soledad le había curado esas heridas, devolviéndolo a la cordura. Podía ahora retroceder, y estudiar y apreciar al Homo Sapiens, y veía ahora que, aunque no divina, esa criatura era, después de todo, una bestia noble y hasta seductora, en verdad la más noble y seductora de todas. Admitía que el ser humano era superior a los animales, pero afirmaba, a la vez, que estaba condenado a ser siempre infiel a lo mejor de sí mismo.

Juan comprendió todo esto, y comprendió, también, por vez primera, que el

Homo Sapiens era incapaz de aceptar con ecuanimidad sus dolores y sufrimientos.

Sintió piedad entonces, una pasión que no había experimentado antes, salvo algunas raras veces, como cuando el perrito de Judy fue aplastado por un auto, y durante una dolorosa enfermedad de Pax. Y aun entonces su piedad había estado atemperada por la idea de que todo el mundo, aun la pequeña Judy, podía siempre «mirar sus sufrimientos desde fuera, y beneficiarse con ellos».

Durante muchos días, Juan se entregó a esos nuevos problemas: el carácter absoluto del mal; el hecho de que los hombres insensatos o miserables, pudiesen ser dignos de piedad y, a su modo, criaturas hermosas. No buscaba una solución intelectual, sino una verdad viva. Y aparentemente la alcanzó poco a poco. Cuando le pedí que me hablara de esa extraña verdad, me dijo:

—Quiero ver mi propio destino, y la triste situación de la especie normal, como he visto siempre, en mi infancia, los golpes, las quemaduras y los desengaños. Me deleitaban sus formas definidas, y su relación con el resto de las cosas, y la forma en que, cómo decirlo, profundizaban y vivificaban el universo. —Aquí, recuerdo, Juan se detuvo, y luego repitió—: Profundizan y vivifican el universo. Eso es lo principal. Pero no se trata de comprender, sino de ver y sentir.

Le pregunté si se refería de algún modo a Dios. Se rió y dijo:

—¿Qué sé de Dios? No más que el Arzobispo de Canterbury, y eso no es nada. Dijo luego que, cuando McWhist y Norton lo encontraron, trataba todavía, desesperadamente, de solucionar ese problema. La presencia de los dos hombres renovó por un instante su antigua repugnancia a la especie; pero en realidad todo eso ya había acabado para él. Cuando los vio ante él, tan asustadizos, recordó su primer encuentro con el ciervo. Y de pronto el ciervo pareció simbolizar a toda la especie humana. Era una especie de gran belleza y dignidad personal, de una rectitud que no abandonaba mientras no se la colocase en situaciones demasiado difíciles. Y el pobre Homo Sapiens se había metido en una situación demasiado difícil: la actual encrucijada del mundo. Que el Homo Sapiens tratase de gobernar una civilización mecánica le pareció tan ridículo y patético como la idea de un ciervo al volante de un automóvil.

Aproveché esta oportunidad para preguntarle acerca del «milagro» que tanto había impresionado a sus visitantes. Se rió otra vez.

—Bueno —dijo—, yo había descubierto toda clase de extraños poderes. Mediante una especie de telepatía, por ejemplo, podía hablar con Pax. Es verdad. Puedes preguntárselo. También podía, a veces, saber qué pensabas, aunque no eras capaz de recibir mis mensajes, ni de responderme. Y podía resucitar cualquier hecho de mi vida anterior. Los vivía nuevamente, con toda su intensidad, como si ocurriesen en ese instante. Y, de modo telepático, tuve casi la evidencia de no ser el único de mi especie en el mundo, de que había en realidad muchos como yo en diferentes países. Y cuando McWhist y Norton aparecieron en la cueva, me bastó verlos para conocer el pasado de ambos. Y creo que vislumbré algo de su futuro, algo que no te diré. Luego, cuando me pareció que era necesario impresionarlos, tuve la idea de levantar el techo y alejar la tempestad, para que pudiésemos ver las estrellas. Sabía que podía hacerlo, y lo hice.

Miré a Juan con recelo.

—Sí —dijo—. Crees que estoy loco y que me limité a hipnotizarlos. Bueno, digamos que yo también me hipnoticé, pues lo vi todo tan claramente como ellos. Pero créeme, hablar de hipnotismo no es más verdadero, ni menos verdadero que decir que desplacé realmente la roca. La verdad es aquí algo más sutil y extraordinario que cualquier milagro físico. No importa.

Lo importante fue que, cuando vi las estrellas —que se lanzaban desordenadamente en todas direcciones según el capricho de sus propias naturalezas salvajes y, sin embargo, confirmando las leyes con todos sus movimientos—, el horror confuso que tanto me había atormentado se me reveló por primera vez en toda su verdad y belleza. Y comprendí que el período de mi ceguera había terminado.

Es cierto, yo había notado un cambio en Juan. Incluso físicamente, había cambiado mucho durante su ausencia. Parecía como si se hubiese endurecido y las arrugas del rostro sugerían pruebas y triunfos. Su mente, aunque capaz aún de una malicia desconcertante, había adquirido una serenidad y una fuerza imposibles para el adolescente de la especie normal, y muy raramente adquiridas por las personas maduras. Él mismo reconocía que su «descubrimiento del mal absoluto» lo había fortificado. Cuando le pregunté cómo, respondió:

—Haber afrontado lo peor y haber descubierto en él la belleza, nos fortifica para siempre. Nada puede ya conmovernos.

Tenía razón. No sé cómo había llegado a eso, pero en el resto de su vida, y en la destrucción final de lo que más apreciaba, aceptó lo peor no con resignación, sino con una alegría extraña que para nosotros será siempre incomprensible, Transcribiré otro fragmento de aquella larga conversación. Se recordará que después de realizar su milagro, Juan se excusó ante los alpinistas. Mencioné el hecho y Juan me dijo aproximadamente lo que sigue:

—Disfrutar con el ejercicio del poder es siempre saludable. Los niños gozan aprendiendo a caminar, y los artistas pintando. Cuando niño me complacía en jugar con los números y luego con mis inventos o matando un animal. El ejercicio del poder es parte de la vida del espíritu. Pero sólo una parte. A veces pensamos que la existencia se reduce a eso, especialmente cuando descubrimos nuevos poderes. Bueno, en Escocia, cuando empecé a desarrollar los poderes de que he hablado, sentí la tentación de hacer de su ejercicio la finalidad de mi vida. Me dije: «Ahora, con estos medios maravillosos, lograré al fin el progreso del espíritu». Pero después de la exaltación momentánea de mover la roca, vi claramente que esos actos no son el fin del espíritu, sino un efecto secundario de su vida real. Entretenimientos, a veces útiles, con frecuencia peligrosos; pero nunca un fin.

—Entonces —pregunté, algo excitado—, ¿cuál es el fin de la verdadera vida del espíritu?

Juan sonrió como un niño y luego rió de aquel modo desconcertante.

—Me temo que no pueda decírselo, señor periodista —dijo—. La entrevista ha terminado. Aunque supiera cuál es la verdadera vida del espíritu, no podría decirlo en inglés ni en ningún idioma sapiens. Y si pudiera, no lo comprenderías. —Después de una pausa agregó—: Quizás podríamos decir, sin temor a equivocarnos, esto: no es hacer nada especial, como milagros o buenas obras. Es hacer algo que está ahí, ante nosotros, y que debe hacerse. Y hacerlo no sólo con habilidad sino también con gusto, y discriminación, y plena conciencia. Sí, es eso. Y es más. Es la glorificación de la vida, y de la verdad de las cosas. —Volvió a reírse.— ¡Cuántas palabras! Para describir la vida espiritual deberíamos rehacer el lenguaje.

13

JUAN BUSCA A SUS SEMEJANTES

Luego de su regreso del desierto, Juan pasó varias semanas en su hogar. Aparentemente le satisfacía volver a los intereses comunes de la adolescencia. Reanudó su amistad con Esteban y Judy. Solía llevar a la niña al cine, al circo, u otras diversiones apropiadas a sus años. Compró una motocicleta, y el mismo día de la adquisición invitó a Judy a dar un paseo. Los vecinos opinaban que las vacaciones le habían hecho bien. Parecía ahora más normal. También con sus hermanos, en las raras ocasiones en que los encontraba, se mostraba más cariñoso. Ana se había casado, y Tomás era un joven arquitecto de éxito. Entre Juan y Tomás había habido siempre una hostilidad reprimida. Pero ahora parecían tolerarse mutuamente. El doctor comentó después de una reunión de familia:

—Es indudable, nuestro niño prodigio está creciendo.

Estaba encantado con la sociabilidad de Juan, y solía tener con él largas conversaciones. El tema principal era el futuro del muchacho. Su padre trataba ansiosamente de inclinarlo a la medicina, para que se convirtiera «en una figura más grande que Lister». Juan oía esas exhortaciones pensativamente, y a veces parecía convencido. En una ocasión, Pax asistía a una de esas charlas. Sonriendo, pero con un dejo de reprobación, dijo:

—No le creas, doctor. Te está tomando el pelo. En esta época, Juan y Pax solían ir juntos a teatros y conciertos. En realidad, la madre y el hijo se veían con mucha frecuencia. El interés de Pax por el drama y los «personajes» servía aparentemente de lazo de unión. A veces iban a Londres a pasar el fin de semana y ver los espectáculos.

Llegó un momento en que empecé a preguntarme qué significaría este prolongado descanso. El comportamiento de Juan parecía ahora completamente normal, salvo por un rasgo raro, aunque no muy visible. En medio de una conversación, o cualquier otra actividad, se sobresaltaba repentinamente. Repetía las palabras que acababa de decir él mismo, u otra persona, y miraba luego a su alrededor con un divertido interés. Me parecía que en el rato que seguía a estos incidentes, estaba más alerta que antes. No se crea por esto que el momento anterior estuviera distraído. No. Pero después de esos curiosos sobresaltos su vida parecía alcanzar una tensión más alta.

Una noche acompañé a los tres Wainwright al teatro local. Durante un intervalo, mientras bebíamos café en el vestíbulo y discutíamos la obra, Juan se sacudió con más violencia que de costumbre, y volcó el café en el platillo. Se rió y miró a su alrededor con sorprendido interés. Después de un instante de incómodo silencio, en el que Pax contempló a su muchacho con velada solicitud, Juan continuó sus comentarios sobre la obra, pero (al menos así me pareció) con mayor penetración.

—Creo —dijo— que la pieza es demasiado parecida a la vida para ser realmente vida. No es un retrato, sino una mascarilla fúnebre.

Al día siguiente le pregunté qué había ocurrido cuándo volcó su café. Estábamos en mi casa. Juan había venido a preguntar si había alguna novedad acerca de una de sus patentes. Yo estaba sentado ante mi escritorio. Juan, de pie junto a la ventana, miraba el camino solitario y el mar agitado por el viento. Mordisqueaba una manzana que había encontrado en mi mesa.

—Sí —dijo—, es hora de que te lo diga. Aunque quizá no me creas. Estoy buscando gente parecida a mí y divido mi personalidad. Una parte no se separa de mi cuerpo y se comporta con toda corrección; pero la otra parte, mi yo esencial, sale a buscarlos. O, si lo prefieres, permanezco todo el tiempo en mí mismo, pero me estiro y los busco. De cualquier modo, cuando vuelvo, o interrumpo la búsqueda, siento una especie de sacudón al retomar los hilos de la vida ordinaria.

—Nunca pareces perder el hilo —le dije.

—No —contestó—. El «yo» que regresa capta inmediatamente, y con suavidad, las experiencias anteriores del yo que no se ha movido. Pero el súbito retorno de quién sabe dónde, causa igualmente una conmoción.

—Y cuando te marchas —le pregunté— ¿adónde vas, qué encuentras?

—Bueno —dijo—, es mejor empezar por el principio. Te dije que cuando estaba en Escocia solía entrar en contacto telepático con gente, y que mucha de esa gente era rara, es decir más parecida a mí que tú. Desde que volví a casa he estado mejorando la técnica para sintonizar a esa gente. Por desgracia, es mucho más fácil percibir el pensamiento de aquellos que uno conoce bien que el de los extraños. Mucho depende de la forma general de la mente, de la matriz donde se forman los pensamientos, por así decirlo. Para entrar en relación contigo o con Pax sólo tengo que pensar en vosotros. Puedo así sondear tu conciencia actual y, si lo deseara, gran parte de las zonas más profundas de ti mismo.

Sentí un estremecimiento, pero mi incredulidad me reconfortó.

—Oh, sí, puedo hacerlo —dijo Juan—. Mientras te hablaba, la mitad de tu mente oía, y la otra mitad pensaba en la pelea que tuviste anoche con...

Lo interrumpí con una exclamación.

—Está bien, no te pongas nervioso —dijo Juan—. No tienes mucho de qué avergonzarte. Y, además, no quiero ser un espía. Pero justamente ahora... bueno, puede decirse que estuviste gritándome el asunto, pues mientras me oías pensabas todo el tiempo en él. Probablemente pronto aprenderás a cerrarme tu pensamiento.

Emití un gruñido, y Juan continuó:

—Como te decía, es mucho más difícil ponerse en contacto con la gente desconocida, y al principio aquellos a quienes yo buscaba eran todos desconocidos.

Por otra parte, la gente de mi especie emite, por decirlo así, un «ruido» telepático más intenso que los demás. Al menos cuando así lo desean, o cuando no les importa. Pero otras veces se encierran totalmente en sí mismos. Bueno, por fin pude separar del zumbido telepático de la especie normal unos pocos trazos o temas con ciertas cualidades especiales.

Juan calló y pregunté:

—¿Qué clase de cualidades?

Me miró durante unos segundos en silencio. Créase o no, esta mirada prolongada tuvo sobre mí un efecto terrible. No estoy sugiriendo que hubiera algo de mágico en ella. Conociendo a Juan como yo lo conocía, y recordando los extraños acontecimientos del verano en Escocia, no era raro que yo reaccionase de ese modo. Sólo puedo describir lo que sentí por medio de una imagen. Era como si estuviera frente a una máscara hecha de una sustancia traslúcida, iluminada desde dentro por un rostro diferente y espiritualmente luminoso. Era la máscara de una criatura grotesca, mitad mono, mitad gárgola, y en su totalidad duende; con enormes ojos de gato, pequeña nariz achatada y labios burlones. El rostro interior, como es obvio, no puede ser descrito. Correspondía rasgo por rasgo al rostro exterior, y era, con todo, absolutamente diferente. Sólo puedo decir que combinaba la sonrisa augusta y helada de Buda con esa sombría expresión que irradia la desgastada Esfinge cuando el alba toca su rostro. No. Estas imágenes no son exactas. Lo que el rostro de Juan simbolizó para mí en aquellos instantes, es indescriptible. Sólo puedo decir que quería mirar a otro lado y no podía, o no me atrevía. Un terror irracional brotaba en mi interior. Bajo el torno del dentista uno puede soportar unos momentos de verdadera tortura sin pestañear. Pero a medida que los segundos pasan, se hace cada vez más difícil no moverse, no dar un grito. Así me sentía bajo aquellos ojos. Con la diferencia de que me encontraba paralizado, y no podía huir; de que ya había pasado el momento del grito, y no podía gritar. Creo que me aterrorizaba sobre todo que Juan se echase a reír y que su risa me aniquilara. Pero no lo hizo.

El hechizo se rompió de pronto. Me puse de pie y eché carbón al fuego. Juan miraba ahora por la ventana y decía con su voz normal y amistosa:

—Bueno, por supuesto, no te puedo decir qué es esa especial cualidad. Es como ver todas las cosas, todos los acontecimientos bajo una luz eterna, y no como cosas o acontecimientos pasajeros; como hojas del árbol Igdrasil, vivificadas por la savia de la eternidad, y no como un espécimen arrancado y puesto a secar entre las páginas del libro de la historia.

Hubo un largo silencio, y luego Juan dijo:

—Captar el primer indicio de un ser como yo, me costó bastante. Apenas conseguía vislumbrarlo, y no podía lograr que me tomase en cuenta. Lo que llegaba a mí era desconcertante e incoherente. Me preguntaba si habría un fallo en mi técnica, o si se trataba de una mente demasiado compleja. Traté de descubrir dónde se hallaba, para ir a visitarlo. Era evidente que vivía en un gran edificio de muchas habitaciones, y rodeado de muchísima gente. Pero tenía poca relación con esa gente. Por su ventana veía árboles, casas y una pradera. Oía un ruido continuo de trenes y autos. Esto, por lo menos, era lo que yo reconocía, aunque para él no tenía mucho sentido. Pensé que cerca de la casa había una línea férrea importante y una gran avenida. De alguna manera debía encontrar el lugar. Por eso compré la motocicleta. Entre tanto, seguía estudiándolo. No podía recoger sus pensamientos; sólo sus percepciones y sensaciones. A veces lo encontraba fuera de la casa, en un jardín inclinado que los árboles separaban de la calle principal. Tocaba entonces una especie de flauta, pero con la octava curiosamente dividida. Descubrí que tenía seis dedos en cada mano. Aún así, no podía imaginar cómo se las arreglaba con todas aquellas notas. Su música me fascinaba extraordinariamente. Algo en ella, el espíritu que parecía reflejar, me aseguraban que el hombre era realmente de mi especie. Descubrí, de paso, que se llamaba Jaime Jones, lo cual no era de gran ayuda. Cierto día capté sus pensamiento cuando estaba afuera, entre unos árboles, y podía ver el camino. En ese momento pasó un autobús a gran velocidad. Era de la Green Line y decía «BRIGHTON». Noté con sorpresa que, aparentemente, estas palabras no significaban nada para Jones. Pero para mí tenían un gran valor. Fui en la motocicleta por la ruta de la Green Line. Me tomó un par de días encontrar el sitio: el gran edificio, la pradera verde, y todo lo demás. Me detuve y le pregunté a alguien qué edificio era ése. Era un manicomio.

Mi risa de alivio interrumpió la narración de Juan.

—Es gracioso —dijo—, pero no del todo inesperado. Después de recurrir a algunas influencias conseguí permiso para ver a Jones. Me presenté como un pariente. En el manicomio comentaron que indudablemente nos parecíamos, y cuando vi a Jones comprendí qué querían decir. Es un viejecito menudo, de cabeza grande y ojos enormes como los míos. Fuera de unos pocos rizos canosos sobre las orejas es completamente calvo. Tiene una boca más pequeña que la mía (en relación con el tamaño del rostro), y una especie de sonrisa dolorosa. Antes de verlo me hablaron un poco de él. No molestaba, me dijeron, pero estaba muy enfermo y necesitaba de cuidados. Rara vez hablaba, y sólo con monosílabos. Entendía cuando le señalaban objetos visibles, pero era difícil atraer su atención. A veces atendía a las voces de la gente, no tanto por el significado como por la calidad musical. Los ritmos de toda clase lo fascinaban. Estudiaba durante horas las vetas de un pedazo de madera o las olas de un estanque. La mayoría de la música creada por el Homo Sapiens lo atraía y repelía a la vez. Pero cuando uno de los médicos ejecutaba cierto trozo de Bach, escuchaba gravemente, y luego tocaba en su flauta curiosas variaciones. El jazz le causaba a veces un efecto tan violento, que después de oír un disco solía quedarse postrado varios días. El conflicto entre el placer y el disgusto llegaba en este caso a desgarrarlo. Por supuesto, las autoridades consideraban su arte musical como una fantasía sin sentido.

»Bueno, cuando nos encontramos cara a cara, nos miramos tanto tiempo que nuestro acompañante se sintió incómodo. De pronto Jaime Jones, sin apartar sus ojos de los míos, dijo con un énfasis sereno y algo de sorpresa: «¡Amigo!». Yo sonreí y asentí. Enseguida Jones pareció vislumbrar algo. El rostro se le iluminó con una intensa alegría. Muy lentamente, como si buscase cada palabra, agregó: .«Usted... no... está... loco. ¡No Loco! ¡Nosotros dos no locos! Pero éstos» y señaló sonriendo al enfermero, «completamente locos, todos locos. Pero buenos. Él me cuida. Yo no puedo cuidarme. Muy ocupado con... con...». La frase se arrastró hasta el silencio. Sonriendo seráficamente, asentía una y otra vez. Luego se acercó y apoyó su mano en mi frente. Eso fue el fin. Cuando le dije que éramos amigos, y que ambos veíamos las cosas del mismo modo, volvió a asentir, pero al tratar de hablar, una expresión de perplejidad casi cómica le cubrió el rostro. Miré el interior de su mente y vi que era una confusa maraña. Las percepciones carecían para él de significado. Jones veía dos hombres, pero no relacionaba mi apariencia visible con mi personalidad, con la mente que deseaba alcanzar. Ni siquiera veía los objetos físicos; percibía sólo formas y colores. Le pedí que tocara para mí. No entendía. El acompañante le alcanzó la flauta y le ayudó a cerrar sobre ella los dedos. Jones la miró con indiferencia. Luego, con una repentina sonrisa, se la llevó al oído, como un niño que juega con un caracol. El enfermero tocó entonces unas pocas notas. En vano. Tomé yo la flauta y toqué un aire que le había oído antes de conocerlo. Esto atrajo su atención. La perplejidad se le borró del rostro. Sorprendidos, lo oímos hablar, lentamente, aunque sin dificultad:

«Sí, Juan Wainwright», dijo, «tú me oíste tocar eso el otro día. Yo sabía que alguien me escuchaba. Dame mi flauta». Se sentó en el borde de la mesa y tocó, con sus ojos clavados en los míos.

Juan me sorprendió con una corta risa.

—¡Por Dios! Era música —dijo—. ¡Si la hubieras oído! Quiero decir, si hubieras podido oírla realmente y no como podría oírla una vaca. Era una música lúcida. Deshacía las confusiones de mi mente. Me revelaba con precisión la verdadera y apropiada actitud que el espíritu humano debe asumir ante el mundo. Escuché, pendiente de cada nota. Quería recordarla siempre. Entonces el enfermero nos interrumpió. Dijo que esa melodía trastornaba a los otros enfermos. Al revés de lo que ocurría con la verdadera música. Por eso sólo se le permitía tocar al aire libre.

»La música se detuvo con un chillido. Jones miró al enfermero con una sonrisa amable, aunque torturada. Luego volvió a la locura. Tan completa fue su desintegración que intentó morder la embocadura de la flauta.

Creo que vi temblar a Juan. Estaba de nuevo junto a la ventana, en silencio, mientras yo pensaba qué decir. Luego exclamó:

—¡Rápido, los prismáticos! ¡Maldita sea si no es una chocha gris! No tiene precio.

Turnándonos contemplamos el pajarito plateado mientras iba de un lugar a otro en busca de comida, indiferente a los golpes de las olas. Más allá había un yate entre los transatlánticos.

—Sí —dijo Juan, respondiendo a mis pensamientos—. Lo que tú sientes cuando miras ese pájaro, atento y feliz, con una actitud curiosamente piadosa, aunque distante... ése es el punto de partida, el nacimiento de lo que Jones expresaba con su música. Si pudieras retener este instante y completarlo con todo un mundo de notas armónicas, estarías en camino hacia «nosotros».

En esa palabra había algo de la tímida audacia con que una pareja de recién casados comienza a decir «nosotros». Yo empezaba a entender que descubrir otro ser de su especie, aun en un manicomio, debía de haber sido para Juan una experiencia conmovedora. Después de vivir durante años entre meros animales, descubría al fin un ser humano.

Juan suspiró y continuó su narración.

—Jones por supuesto no podrá ayudarme a fundar un mundo nuevo. He vuelto a oír varias veces su flauta, y he aclarado aún más mis ideas, y he crecido un poco más. Pero su locura es irremediable. De modo que empecé a «escuchar» otra vez, con bastante recelo, pues temía que todos estuviesen locos. Y en verdad el siguiente casi me curó de seguir escuchando. Yo trataba de establecer contacto con los más próximos. Había localizado una onda de pensamiento en francés, otra egipcia, y otra china o tibetana. Pero los dejé por el momento. El próximo fue un niño, hijo de un comerciante en propiedades de South Uist, en las Hébridas. Es un inválido. Carece de piernas, y apenas tiene brazos. No habla tampoco y su aparato digestivo funciona mal. En cualquier sociedad se lo ahogaría al nacer. Pero la madre lo quiere como una tigresa, aunque siente ante él repugnancia y miedo. El padre cree que es un inválido cualquiera. Y porque en cierto sentido lo es, y porque lo tratan mal, el niño ha desarrollado una inimaginable capacidad de odio. A los cinco minutos de mi visita advirtió que yo era distinto. Me tocó telepáticamente. Yo me puse en comunicación con él, pero me cerró su mente en el acto. Encontrar, por vez primera, un espíritu hermano debería ser motivo de alegría. Pero el chico sintió, evidentemente, que no había lugar para ambos en un mismo planeta, aunque no parecía dispuesto a tomar medidas. Mantuvo la mente cerrada como una ostra, y la cara tan impávida como un trozo de papel. Empecé a pensar que había cometido un error, y que no era de los nuestros. Sin embargo, todas las circunstancias correspondían a mis anteriores visiones telepáticas: el cuarto diminuto con el piso en mal estado, el fuego de turba, la cara de la madre con un ojo levemente mayor que el otro y huellas de bigote en los ángulos de la boca.

»Tanto ella como su marido tenían el pelo gris. Esto despertó mi curiosidad, pues el chico representaba unos tres años. Les pregunté qué edad tenía, pero no me respondieron. Insinué, prudentemente, que el niño daba una impresión de madurez, y el padre me dijo entonces que tenía dieciocho años. La madre replicó con una risa histérica y aguda.

»Gradualmente, me gané la confianza de los dos viejos. (Les había dicho que pasaba mis vacaciones pescando en una isla vecina). Los halagué diciendo que los niños deformes —según había leído— se convierten a veces en genios. Mientras tanto trataba de derribar las defensas del muchacho y examinar su mente. No puedes imaginar qué clase de jugarreta me hizo. Eligió la única arma efectiva de que disponía, un arma diabólica. Sucedió así. Yo había dejado de hablar con sus padres, y me dirigía a él deseando ganar su amistad. El chico clavaba en mí unos ojos inexpresivos. Yo trataba vanamente de abrir la ostra, y estaba a punto de abandonar, disgustado, cuando, Dios mío, la resistencia cedió de pronto. Y aquí viene lo indescriptible. Debo continuar con la misma comparación. La ostra mental se abrió de par en par y trató de devorarme. Era el pozo negro e insondable del infierno. Por supuesto, la frase te parecerá tonta y romántica. Pero así era. Me sentí caer en un espantoso precipicio de nieblas, mentales y espirituales. No había allí más que odio insatisfecho y una especie de atmósfera húmeda y envenenada donde todo lo que había deseado en mi vida se transformaba en podredumbre. No puedo explicarlo. No puedo explicarlo.

Juan se había sentado en el ángulo de mi escritorio. Se levantó de pronto y caminó hasta la ventana.

—Agradezcamos la existencia de la luz —dijo, mirando el cielo gris—. Si alguien pudiese entenderlo, se lo diría y olvidaría para siempre. Pero contarlo a medias me hace recordar... ¡Y dicen algunos que no existe el infierno! —Calló unos instantes y miró otra vez por la ventana. Luego dijo—: Mira ese cormorán. Ha pescado un congrio más grueso que su cuello.

Me acerqué y vimos al pez que se retorcía. A veces el pájaro y la presa desaparecían juntos bajo el agua. En una ocasión el congrio logró librarse, pero fue nuevamente capturado. Al fin el cormorán lo tomó de la cabeza y lo devoró rápidamente. Por un momento sólo se vio la cola del pescado y una gran hinchazón en el cuello del ave.

—Y ahora —dijo Juan—, será digerido. Eso fue lo que casi me ocurrió. Sentí que los jugos digestivos de ese joven y diabólico molusco me desintegraban la mente. No sé qué ocurrió luego. Debí de librarme de algún modo, pues me encontré tendido en la hierba a cierta distancia de la casa, solo, y cubierto de sudor. Miré la casa, y me estremecí de pies a cabeza. No podía pensar. Veía aún ante mí su mueca infantil y demoníaca, y la estupidez que le volvía a la cara. Al rato sentí frío. Me levanté y caminé hasta la bahía de los botes, preguntándome qué era realmente aquella criatura.

¿Era uno de «nosotros», u otra cosa diferente? Pero en realidad, no había por qué preguntárselo. Era, por supuesto, uno de nosotros, más poderoso quizá que Jones o yo. Pero algo había marchado mal desde un principio. El cuerpo enfermo lo atormentaba. Su espíritu estaba tan mutilado como su cuerpo, y sus padres le cerraban todas las salidas. No le quedaba otra posibilidad que el odio. Y había cultivado de veras ese odio. A medida que me alejé de esa experiencia vi más claramente que en ese odio había un verdadero desinterés. No odiaba por razones personales. Me odiaba. Pero también se odiaba a sí mismo. Lo odiaba todo, incluso el odio. Y odiaba con una especie de fervor. ¿Por qué? Porque, empecé a comprender, en el fondo de su infierno brillaba una minúscula estrella. Todo lo ve bajo la luz de la eternidad, y tal vez más claramente que yo; pero imagina que su parte es la del diablo y la interpreta, como un gran artista, con pasión y desapego a la vez. Y tiene razón. Es lo único que puede hacer, y lo hace con elegancia, sin duda. Le rindo mi voluntario homenaje, a pesar de todo; pero en realidad es algo horrible. Piensa en la vida que lleva: la de un niño; ¡y con ese poder! Me parece que si vive lo suficiente, un día hará volar el planeta. Y hay algo más. Debo estar alerta, o volverá a sorprenderme. Puede alcanzarme en cualquier parte del mundo. ¡Por Dios! ¡Ahora mismo lo puedo sentir! Dame una manzana y hablemos de otra cosa.

Mordisqueando una segunda manzana, Juan se tranquilizó. Dijo luego:

—No he hecho mucho desde entonces. Tardé un tiempo en recuperarme. Me sentía deprimido. ¿Encontraría a alguien de mi especie y que fuera, sin embargo, cuerdo? Pero diez días después inicié nuevamente la búsqueda. Encontré una gitana que era, a medias, una de «nosotros». Es una vieja achacosa que dice la buenaventura y vislumbra a veces el porvenir. Pero es tan vieja como las colinas, y sólo tiene dos preocupaciones: decir la buenaventura y el ron. Sin embargo, es sin duda uno de nosotros, aunque no intelectualmente. Tiene reputación de mujer penetrante. Ve la verdad de las cosas, pero de un modo confuso.

»Hay algunos otros en los manicomios. Son casos desesperados. Y un adolescente hermafrodita en una especie de hospital de incurables. Y un hombre condenado a cadena perpetua por asesinato. Si no hubiera sufrido de niño un golpe en la cabeza, podría haber sido uno de los que busco. Además, hay un rapidísimo calculador. No es en verdad uno de nosotros, pero tiene algunas de las cualidades esenciales. Y a esto se reduce la especie del Homo Superior en las Islas Británicas.

Juan empezó a caminar por la habitación, rápida y metódicamente, como un oso polar enjaulado. De pronto se detuvo, apretó los puños, y gritó:

—¡Ganado! ¡Ganado! ¡Un mundo entero de ganado! ¡Dios mío, cómo hieden! Miró fijamente la pared. Luego suspiró y, volviéndose hacia mí, dijo:

-Lo siento, Fido. Fue un lapsus. GQue te parece una caminata antes del almuerzo?

14

PROBLEMAS DE INGENIERÍA

Poco después de hablarme de sus esfuerzos por conocer a otros seres supernormales, Juan me confió sus planes para el futuro. Estábamos en el taller subterráneo. Juan trabajaba en un nuevo invento, una especie de generador- acumulador. Cubrían su mesa tubos de ensayo, probetas, piezas metálicas, alambres, voltímetros y minerales. Estaba tan absorto en su trabajo que le dije:

—Parece que regresas a la infancia. Con tus viejos entusiasmos te has olvidado de Escocia.

Te equivocas —dijo—. Este aparato es parte importante de mi plan.

Discutimos sus proyectos ante una taza de café. Estaba decidido a recorrer el mundo con la esperanza de descubrir a otros de su especie. Debían ser bastante jóvenes como para ayudarlo a fundar una colonia en algún lugar remoto de la Tierra. Para ello necesitaba urgentemente un yate capaz de cruzar el océano, y un pequeño aeroplano, o una máquina voladora cualquiera, que pudiera llevarse en el yate. Cuando le dije que no sabía pilotar y menos diseñar aviones, me respondió.

—Oh, sí. Ayer aprendí a volar.

Parece que cierto joven aviador le había permitido pilotar su aparato.

—Luego de los primeros ensayos —dijo— es bastante fácil. Aterricé dos veces, levanté vuelo otras dos, e hice un poco de acrobacia. Por supuesto, todavía tengo mucho que aprender. Y en cuanto al diseño, ya estoy trabajando en eso, así como también en el yate. Mucho depende de este nuevo aparatito. Es difícil de explicar. No me entenderías. Últimamente he estado estudiando física atómica, y a la luz de mis experiencias escocesas se me ocurrió una idea. No ignorarás (aunque eres un genio para mantenerte alejado de la ciencia) que el núcleo atómico encierra una enorme cantidad de energía muy difícil de liberar. Para superar la fuerza que une los protones y los electrones se requeriría, por ejemplo, una corriente eléctrica de una potencia fantástica. Bueno, he descubierto un medio más accesible. No de carácter físico, sino psíquico. De nada vale intentar superar esas tremendas fuerzas; debes abolirlas, dormirlas, por así decirlo. Las fuerzas de cohesión, como las explosivas, son sólo expresiones elementales de las unidades físicas básicas, que puedes llamar electrones y protones, si así prefieres. Mi método consiste en influir mentalmente sobre esos duendecillos, de modo que durante unos instantes aflojen sus lazos. Entonces se lanzan en salvaje libertad, y lo único que falta es conseguir que ese libre movimiento mueva tu máquina.

Me reí y le dije que me gustaba su metáfora.

—¡Qué metáfora ni ocho cuartos! —dijo—. Sería una metáfora si los protones y electrones fuesen personajes ficticios. No son en verdad entidades independientes, sino puntos locales de un sistema, el cosmos de naturaleza psicofísica. Por supuesto, si crees que la física sapiens es la verdad de Dios, y no la abstracción de una verdad más profunda, estas ideas te parecerán una locura. Pero a mí me pareció digna de estudio, y descubrí su eficacia. Desde luego, hay dificultades, y la primera es de índole psicológica. La mente sapiens sería aquí impotente; pero la supernormal tiene suficiente poder, y la práctica hace la tarea razonablemente fácil y segura. Las dificultades físicas —dijo mirando su aparato— están relacionadas con la selección de los átomos y la canalización de la energía. Actualmente estoy trabajando en estos problemas. El barro del río es bastante conveniente. Contiene, en un ínfimo y apropiado porcentaje, el elemento necesario.

Con unas pinzas recogió un poquito de barro de un tubo de ensayo y lo colocó en una vasija de platino. Abrió la puerta trampa, y llevó afuera la vasija. Volvió a entrar cerrando la puerta. Miramos el recipiente por una rendija.

—Ahora, electrones y protones, idos a dormir —dijo sonriendo—, y no despertéis hasta que mamá os diga. —Volviéndose hacia mí, agregó—: El discursito es para el auditorio, no para los conejos del sombrero mágico.

Una expresión grave y concentrada le cubrió el rostro. Respiraba con mayor rapidez.

—¡Ahora! —dijo.

Hubo un furioso relámpago y una detonación. Juan se secó la frente con un pañuelo sucio. Volvimos a nuestro café y sus planes.

—Debe de haber algún medio para conservar la energía hasta que llegue el momento preciso. No se puede hipnotizar electrones y gobernar un barco al mismo tiempo. Una dinamo y un acumulador serían una solución, aunque existe otra posibilidad más interesante. Una especie de sugestión posthipnótica, por ejemplo, de modo que las partículas actúen después de despertar, en respuesta a cierto estímulo.

¿Comprendes?

Me reí. Tomamos nuestro café. Sólo diré que el sistema posthipnótico fue ensayado y adoptado.

—Bueno, ya ves que este aparatito tiene grandes posibilidades. Y una vez que el yate y el avión estén listos, vendrás conmigo al continente. Creo que Berta se alegrará de que le des vacaciones. Quiero investigar un poco. Hay, sin ninguna duda, una mente supernormal en París, y otra en Egipto, y tal vez algunas más muy lejos. Cuando tenga el yate y el avión, daré la vuelta al mundo, y si encuentro algunos jóvenes adecuados, buscaré en el Pacífico una isla para la colonia.

Durante los dos meses siguientes, Juan se dedicó a diseñar el yate y el avión, perfeccionar su nueva fuente de energía, y aprender a volar.

Frecuentemente se lo veía jugar con barcos en el lago del parque o en el río como cualquier muchacho común. Tenía más de dieciocho años, pero en apariencia menos de quince, de modo que su conducta no llamaba la atención. Construyó numerosos modelos, con motores eléctricos o de vapor. Los lanzaba al agua en días de buen y mal tiempo, observándolos atentamente. Tenía en cuenta al diseñarlos, que el yate debía llevar un aeroplano a bordo, con las alas plegadas. La elección final fue una nave extraordinaria que los yachtmen locales consideraban mera caricatura. Juan hizo un modelo especial de más de un metro, muy ancho de manga y de poco calado. Su casco recordaba las lanchas de carrera; era, en verdad, una especie de cruza entre lancha de carrera y bote salvavidas con algún plato entre sus antecesores. Un hermoso juguete, sin duda. Creo que Juan gozó del modelo como juguete, y trabajó en él mucho más de lo necesario. El modelo representaba una nave del tamaño de un remolcador, y no faltaba un solo detalle. Había cabinas para nueve personas, pero podían vivir a bordo unas veinte, y bastaba para conducirlo un solo navegante. El comedor era muy completo, con mesas, sillas y aparadores; había también un baño, ojos de buey de vidrio, y diminutos controles de navegación. Estos controles eran accionados por radio desde la costa, y el motor reproducía el aparato atómico que Juan proyectaba instalar en el barco real.

Las hazañas que Juan realizaba con su modelo nos divertían mucho. En el lago lo lanzaba en persecución de los patos, y en el río, durante la marea alta, lo hacía salir mar afuera y le pedía a algún miembro amable del club náutico que salvara su juguete. Cuando el sudoroso remero alcanzaba el modelo y extendía la mano para tomarlo, Juan, desde la costa, a varios cientos de metros de distancia, lo alejaba uno o dos metros y observaba los repetidos esfuerzos del hombre. Por fin lo hacía regresar a toda velocidad a la orilla. El barco volvía como un perro bien adiestrado.

Juan había estado trabajando también en varios modelos de avión. Pasaba mucho tiempo probándolos, pero en secreto; temía que sus vuelos sorprendentes llamasen demasiado la atención. Por lo tanto, solía llevarlos a las zonas deshabitadas del norte de Gales en su motocicleta o en mi automóvil. Allí probaba sus modelos enfrentándolos con el viento cambiante de las montañas. La energía atómica les permitía realizar acrobacias imposibles para cualquier modelo común.

Su elección final fue una máquina sorprendente, que podía ser desmantelada y guardada a bordo. Con este aparato se divertía y me divertía haciéndolo levantar vuelo en cualquier parte (estaba dotado de ruedas y flotadores), y elevarse hasta que debíamos seguirlo con prismáticos. Mantenía automáticamente el equilibrio, pero era gobernado por radio desde el suelo. Cuando aprendió a manejar este pájaro mecánico, comenzó a practicar una forma nueva de halconería, enviándolo en persecución de chorlos y cuervos. Este deporte le exigía una percepción muy delicada y un perfecto dominio del aparato. En general, apenas comprendía que la perseguían, la presa se alejaba velozmente. Entonces el avión la acosaba y hasta se lanzaba sobre ella. Pero un cuervo le hizo frente, y antes que Juan pudiese aumentar la velocidad del modelo, el duro pico del pájaro desgarró una de las alas de seda y el avión cayó entre las malezas.

Los diseños del yate y el avión estuvieron listos antes que Juan cumpliera los diecinueve años. No es necesario narrar mis entrevistas con armadores y fabricantes de aviones. Finalmente ordené la construcción real, adquiriendo fama de millonario loco, pues los diseños parecían irrealizables. Pero no acepté ninguna objeción. La principal dificultad consistía en que tanto en el avión como en el yate, el espacio reservado al motor era, según las normas, totalmente insuficiente. Distribuí entre varias firmas los contratos para la fabricación de los generadores y demás máquinas, a fin de despertar la menor curiosidad posible.

15

JACQUELINE

Cuando estos problemas técnicos fueron resueltos, Juan pudo volver su atención a las investigaciones telepáticas. Como todavía parecía demasiado joven para pasearse solo por el continente, insistió en que yo lo acompañara a París. En el viaje dio muestras de impaciencia. Esperaba encontrar un ser que lo recibiría como a un igual, y le proporcionaría una compañía mucho más satisfactoria que cualquier otra que hubiera conocido. Pero cuando nos alojamos en el hotelito de la Rue Bertholet (junto a la avenida de Claude Bernard), parecía casi desanimado. Cuando lo interrogué, se rió y dijo: —Tengo una sensación nueva. Me siento tímido. Mi llegada no parece alegrarla mucho. Sé que está en alguna parte del Barrio Latino. Pasa muy seguido por esta esquina. Sé que sabe que alguien la busca, pero no quiere ayudar. Es, además, muy vieja y muy inteligente. Recuerda la Guerra Franco-Prusiana. He tratado de ver lo que ve cuando se mira a un espejo, para conocer su rostro, pero nunca la he sorprendido en el momento preciso.

En ese instante Juan sacudió la cabeza y dijo sin detenerse:

—Mientras te hablaba, mi verdadero yo estaba en contacto con ella. Se encuentra en cierto café, y estará allí algún tiempo. Vamos.

Juan pensaba que el café estaba cerca del Odeón y allá fuimos. Después de algunas vacilaciones eligió un establecimiento. Entramos. Enseguida Juan susurró excitado:

—Aquí es. Éste es el salón que ve en este momento.

Se detuvo un segundo, forastero de aspecto extraño, empujado por los camareros y la gente. Luego avanzó hacia una mesa vacía en el otro extremo del café.

—Allí está —dijo Juan casi con temor.

Seguí su mirada y vi dos mujeres en una mesa vecina. Una estaba de espaldas, pero, por su figura delgada y la curva casi juvenil de su mejilla, me pareció que tendría menos de treinta años. La otra era extremadamente anciana. Su rostro era un mapa en relieve, lleno de valles y colinas. La observé decepcionado. Tenía una cara inexpresiva y displicente, y miraba a Juan con ofensiva curiosidad.

Entonces la mujer joven volvió la cabeza y miró a su alrededor.

No había modo de confundir esos ojos grandes. Eran los de Juan, aunque con párpados más pesados. Me miraron un instante, y luego miraron a mi amigo. Los párpados se alzaron y revelaron los ojos oscuros, más profundos aún que los de Juan.

La comprensión y la alegría le iluminaron el rostro. Se levantó y avanzó hacia Juan, quien también se puso de pie. Se enfrentaron en silencio y la mujer dijo:

—¡Alors c'est toi qui me cherches toujours!

No era lo que yo esperaba. Pese a sus grandes ojos, casi podría haber pasado por una mujer normal, un tipo algo excéntrico de la especie común. Su cabeza, aunque grande, no era desproporcionada con relación a su cuerpo, pues la joven era alta, y el cabello, que apenas se veía bajo el sombrero ajustado, aumentaba muy poco el tamaño del cráneo. La anchura de la boca había sido hábilmente reducida por el maquillaje.

Pero aunque aceptablemente humana, según las normas del Homo Sapiens, era extraña. Si yo fuera un escritor dotado de imaginación, y no un mero periodista, podría quizá sugerir, simbólicamente, el curioso efecto que me causó y esa sensación de poder latente y lejano. Pero sólo recuerdo algunos rasgos obvios, y esa curiosa combinación de lo infantil, y aun lo fetal, con lo maduro. La frente saliente, la nariz ancha y corta, la distancia entre los grandes ojos, el tamaño sorprendente de la cara, el marcado surco entre la nariz y los labios. Todos estos caracteres eran definidamente fetales, y no obstante, los labios cincelados con precisión, y la delicadeza del modelado de los párpados sugerían la sutil experiencia de una divinidad inmemorial. Por lo menos para mí, acostumbrado a Juan, ese extraño rostro combinaba la universalidad con la idiosincrasia. A pesar de su rareza vagamente repulsiva, era un símbolo viviente de la feminidad. Y, además, era un ser totalmente distinto de cualquier otro, absolutamente individual y único. La miré y miré luego a la muchacha más atractiva del salón. Comprobé, estremeciéndome, que era la belleza normal la repulsiva. Con algo parecido al vértigo, volví los ojos a esa mujer adorable y grotesca.

Mientras tanto, Juan y ella se miraban en perfecto silencio. De pronto, la Nueva Mujer, como yo cínicamente la había bautizado, nos pidió que nos sentáramos a su mesa. Así lo hicimos. Nos dijo su nombre: Jacqueline Castagnet. La anciana, presentada como Mme. Lemaitre nos miró con hostilidad, pero tuvo que resignarse. Era una persona muy común, pero algo indescriptible en la voz y la expresión la asemejaban a Jacqueline. Supuse que las mujeres eran madre e hija. Más tarde se reveló que había acertado, y que, sin embargo, me equivocaba.

Siguieron algunos comentarios sin importancia, y luego Jacqueline empezó a hablar en un lenguaje que yo no conocía. Por un momento Juan pareció sorprendido. Luego se rió y respondió en la misma lengua. Continuaron hablando una media hora, mientras yo me esforzaba por conversar con Mme. Lemaitre en un mal francés.

Por fin la anciana recordó a Jacqueline que tenían un compromiso en otra parte. Cuando las dos mujeres se fueron, Juan y yo nos quedamos un rato en la mesa. Juan estaba silencioso y absorto. Le pregunté qué idioma hablaban.

—Inglés —dijo—. Quería contarme muchas cosas sin que la anciana se enterara, de modo que me habló con las palabras al revés, de atrás hacia delante. Yo nunca lo había intentado, pero es fácil para nosotros. —Juan, que había acentuado levemente el «nosotros», reconoció sin duda que yo me sentía de más, porque agregó—: Te diré lo esencial. La anciana es su hija, pero no lo sabe.

»Jacqueline se casó con un hombre llamado Cazé hace ochenta y tres años, y lo dejó cuando su hija tenía cuatro. Hace poco encontró a la anciana, supo que era su hija, y se relacionó con ella. Mme. Lemaitre le mostró una foto. «Ésta es mi madre», le dijo. «Murió cuando yo era muy pequeña, y se parecía extraordinariamente a usted. Quizás sea usted mi sobrina, o mi sobrina nieta». Jacqueline nació en 1765...

Resumiré aquí la vida asombrosa de Jacqueline. Merecería ser narrada en un grueso volumen, pero mi tema es Juan.

Los padres de Jacqueline eran campesinos de esa triste región situada entre Chalons-sur-Mame y el Bosque de Argonne. Vivían en la miseria. Jacqueline, con su inteligencia y sensibilidad supernormales, y su inmenso deseo de vivir, creció en condiciones muy difíciles. Éste fue, probablemente, el origen de su afición a los placeres y el poder, tan importante en los primeros años de su carrera. Como Juan, creció lentamente. Esto enojaba a sus padres, que esperaban con impaciencia su ayuda en la casa y el campo. Protestaron aún más al ver que a una edad en que otras jóvenes están ya casadas, Jacqueline era todavía una niña. Su vida en ese entonces era físicamente saludable, pero devastadora para su espíritu. Pronto advirtió que poseía ciertas virtudes incomprensibles para el resto de los hombres, y que su salvación radicaba sobre todo en el ejercicio de esas aptitudes. Pero su existencia monótona y mezquina le impedía librarse del anhelo menos refinado de su naturaleza: un hambre creciente de poder. Comprendió quizás que habitaba un mundo de seres inferiores al notar que las hijas de los campesinos, mucho más atractivas que ella, eran demasiado estúpidas para utilizar este don como arma de conquista.

Antes de entrar en la adolescencia, cuando tenía diecinueve años, ya estaba resuelta a derrotarlas en ese juego, y a convertirse en una reina entre las mujeres. En la ciudad vecina de Sainte Menehould veía a veces hermosas damas que iban en sus coches a París o se detenían brevemente en la hostería local. Jacqueline las observaba con espíritu científico, y preparaba las bases de su futura técnica.

Cuando llegó a la pubertad, sus padres la comprometieron con un granjero vecino. Jacqueline huyó. Utilizando al máximo sus dos únicas armas, el sexo y la inteligencia, pasó de la prostitución más humilde y brutal al puesto de querida de un rico comerciante de París. Durante algunos años vivió de él, sin concederle, en los últimos tiempos, más que el terrible encanto de su compañía, cenando con él una vez por semana.

A los treinta y cinco años se enamoró por primera vez. Amaba a un joven artista, uno de los precursores de la escuela de París. Esta nueva experiencia llevó al paroxismo sus conflictos. Después de haber practicado la más antigua de las profesiones sin repugnancia, estaba ahora horrorizada de sí misma. El joven pintor había despertado en ella esas facultades latentes que su vida anterior había sofocado. Jacqueline se propuso seducirlo, y lo consiguió con facilidad. Vivieron juntos y durante algunos meses fueron felices. Sin embargo, la muchacha llegó gradualmente a comprender que, desde su propio punto de vista, se había unido con un hombre apenas superior a un mono. Sus clientes campesinos, sus clientes de París, y su rico protector le habían parecido siempre, como es natural, subhumanos. El artista, se había dicho, era una excepción. Romper ahora con el ser a quien había entregado su alma, aunque por error, podía significar la muerte. Genuina, aunque irracionalmente, todavía lo quería. Velaba por él como velaría por su caballo una solterona afecta a la caza. El artista no era más que un animal, casi humano, y nunca podría ser un compañero espiritual; pero Jacqueline se enorgullecía con sus éxitos animales, es decir, sus triunfos en la esfera del arte subhumano. Colaboraba, entusiasmada, en su obra. No sólo era su fuente de inspiración. Poco a poco se iba apoderando de sus facultades artísticas, y el joven comprendía, con una claridad cada vez mayor, que la fértil imaginación de Jacqueline estaba sofocando su talento. La suya era una compleja tragedia. Reconocía que los cuadros pintados bajo la influencia de la muchacha eran más osados, y estéticamente superiores, a la obra que podía realizar por sí mismo. Pero su fama decrecía, pues ni siquiera los más inteligentes de sus amigos eran capaces de apreciarlos. Dio un paso hacia la independencia y reconquistó su reputación y su respeto de sí mismo; pero despertó al mismo tiempo todo el reprimido disgusto de Jacqueline. Cada uno luchaba para librarse del otro, sin embargo, se necesitaban mutuamente. Hubo una disputa en que Jacqueline desempeñó el papel de la divinidad que desciende para elevar al hombre a su propio nivel, y es rechazada. Al día siguiente el pintor se pegó un tiro.

Esta tragedia afectó profundamente el espíritu juvenil de Jacqueline. Sintió desde entonces una nueva ternura y un nuevo respeto por los seres subhumanos que la rodeaban. Esa muerte disminuía, de algún modo, la distancia que la separaba de ellos. Pronto volvió a ella, sin embargo, la necesidad de afirmarse a sí misma, y aunque a veces cedía despiadadamente a esa necesidad, la atemperaba el recuerdo de haber matado a la única persona del mundo que por un mes entero le había parecido superior. Durante varios años, después de la muerte del artista, Jacqueline vivió pobremente con el dinero que le había dado el comerciante. Trató de ganar fama como escritora, con un seudónimo masculino, pero su obra tenía algo de remoto que no agradaba a los críticos. A los cuarenta años, en los comienzos de su juventud, su obsesión de poder y de lujo volvió con tal insistencia que, aterrorizada, se hizo monja. No creía en ninguna de las doctrinas explícitas de la Iglesia; pero se obligó a aceptar, por lo menos exteriormente, cualquier superstición, a cambio de una posible experiencia religiosa genuina. Sin embargo, su presencia en el convento causó muy pronto tales disturbios, que la institución se disolvió, y Jacqueline, con una amarga risa en su corazón, volvió a su vocación anterior.

Descubrió, sorprendida, que la prostitución le ofrecía ahora algo más que un camino hacia la riqueza y el poder. Su experiencia en el convento no había sido del todo estéril. Había visto de cerca las necesidades espirituales de la especie, y podía aplicar ahora ese conocimiento. Sus motivos para volver a la prostitución habían sido puramente egoístas, pero pronto descubrió que muchos hombres deseaban inconscientemente algo más que una mera satisfacción física. Su antiguo disgusto ante el intercambio con seres inferiores, cedía ante la alegría de su nueva actividad. Muchos hombres que anhelaban un momento de intimidad con una mujer sensible y sin prejuicios, y otros que necesitaban ayuda en la tarea aparentemente desesperada de entenderse con el universo hallaron en Jacqueline un nuevo manantial de energía. Su fama crecía diariamente y eran cada vez mayores las demandas que debía cumplir. Para salvarse de un colapso, buscó discípulas, jóvenes que estuvieran dispuestas a acompañarla en su trabajo. Algunas tuvieron éxito, pero ninguna como ella. La tensión creció hasta que por fin enfermó gravemente. Cuando se recobró, reinició la búsqueda de sí misma. Usando de toda su habilidad, se abrió paso en la sociedad europea, hasta que, a los cincuenta y siete años, en el umbral de su plenitud, se casó con un príncipe ruso, aun sabiendo que era una criatura sin valor. Jugó sus cartas con tal habilidad, que hubiese podido instalar al príncipe en el trono. Sin embargo, un disgusto y un horror crecientes la llevaron a una nueva confusión mental, de la que volvió a surgir su verdadero yo. Escapó disfrazada, y volvió a París. De vez en cuando se encontraba con alguno de sus antiguos y envejecidos clientes. Como ella conservaba la misma apariencia, les decía que era sobrina de la otra Jacqueline.

Nunca hasta entonces había tenido un hijo, ni había concebido. En los primeros años se había cuidado de semejante desastre, pero en la madurez, aunque no se sentía inclinada a la maternidad, había sido menos temerosa y menos cauta. A medida que pasaban las décadas, empezaba a sospechar que era estéril, y por fin dejó de lado toda precaución. A su regreso de Rusia, la oscura sensación de haber perdido una valiosa experiencia se convirtió muy pronto en el deseo de tener un hijo.

Muchos de sus clientes habían querido casarse con ella. Jacqueline se había reído, pero, al cumplir los ochenta años, la tranquila vida matrimonial comenzó a parecerle atractiva. Entre sus clientes se contaba un joven abogado, Jean Cazé. Cuando descubrió, sorprendida, que estaba embarazada, lo eligió como el más conveniente de los maridos. Cazé no había pensado en el matrimonio, y Jacqueline le deslizó la idea en la mente. Cazé la persiguió entonces, venció su fingida resistencia, y se casaron. Después de un embarazo de once meses, dio a luz una hija, y casi murió en la prueba.

Cuatro años de atención maternal y de compañía al fiel Cazé le parecieron suficientes. Cazé cuidaría a la criatura. (Lo hizo con tal perfección que le arruinó la vida). Jacqueline abandonó París, y luego Francia, y empezó de nuevo en Dresde.

Durante los últimos dos tercios del siglo diecinueve, Jacqueline pasó alternativamente de la prostitución al matrimonio. Entre sus maridos se contaron un embajador inglés, un famoso escritor, y un negro que militaba en el ejército colonial francés. Nunca volvió a concebir. Probablemente Juan tenía razón al suponer que Jacqueline podía impedir la concepción mediante un acto voluntario.

Desde fines del siglo diecinueve, Jacqueline no volvió a casarse; prefirió continuar con su profesión. La suya debió de ser una extraña vida. Por supuesto, se daba por dinero, como cualquier miembro de su profesión, o de cualquier otra profesión. Sin embargo, elegía sus compañeros no por su riqueza, sino por sus necesidades. Combinaba aparentemente en su persona las funciones de una prostituta, un psicoanalista y un sacerdote.

Después de la guerra de 1914 se trasladó a Alemania. Allí sufrió un nuevo colapso en 1925, y debió pasar un año entero en una casa de salud. Cuando la vimos en París, estaba desempeñando sus funciones de siempre.

Al día siguiente del encuentro, Juan me dejó para visitar a Jacqueline. Regresó cuatro días más tarde, obviamente angustiado. No me habló de esto hasta mucho después.

—Jacqueline es espléndida, pero incurable —me dijo—. No puedo ayudarla y no me quiere ayudar. Fue buena y dulce conmigo. Afirma que nunca ha encontrado a nadie como yo, y que hubiese querido conocerme hace cien años. Dice que mi obra será magnífica. Pero, en realidad, piensa que sólo es una aventura de estudiantes.

16

Adlan

Juan continuó su búsqueda. Yo lo acompañaba. No hablaré ahora de los pocos jóvenes supernormales que decidieron colaborar con él. Eran una muchacha de Marsella, otra algo mayor de Moscú, un joven finlandés, una chica sueca y otra húngara, y un muchacho turco. Aparte de éstos, Juan sólo encontró lunáticos, inválidos y vagabundos inveterados a quienes el contacto con la especie normal había deformado sin remedio. Pero en Egipto, Juan descubrió realmente a su superior. El incidente fue tan extraño e increíble que vacilé varias veces antes de incluirlo en este libro.

Juan sabía desde hacía mucho que una mente extraordinaria se ocultaba en alguna parte del Levante o el Delta del Nilo. De Turquía fuimos a Alejandría, y después de algunas investigaciones, nos trasladamos a Port Said. Pasamos allí varias semanas. Fue aquél para mí un tiempo de ocio que dediqué a jugar al tenis, ir a la playa y permitirme pasajeros amoríos. Juan parecía igualmente ocioso. Se bañaba, o vagaba por el puerto y la ciudad con un aire de ausencia y a veces de irritación. Cuando Port Said comenzó a fastidiarme, sugerí que fuésemos a El Cairo.

—Ve tú —dijo Juan— si quieres. Yo me quedo aquí. Estoy ocupado.

No dije una palabra y crucé el Delta en tren. Mucho antes de llegar a El Cairo vislumbré por encima de las palmeras y la ciudad oculta, las grandes pirámides. No olvidaré esa visión. Más tarde pensé que simbolizaba la experiencia de Port Said. Eran de un azul grisáceo contra el cielo azul. Curiosamente sencillas, remotas y seguras.

Tomé una habitación en el Shepheard's Hotel, y me entregué al turismo. Un día, tres semanas después de haber dejado Port Said, recibí un telegrama. Decía sencillamente: «Volvemos. Juan». Hice las maletas y tomé el primer tren a Port Said. Al llegar, Juan me pidió que reservara tres pasajes para Toulon en una nave oriental que pasaría por el canal dos días después. El futuro miembro del grupo, explicó, venía del Alto Egipto, y se reuniría con nosotros tan pronto como le fuera posible. Antes de seguir hablando de nuestro nuevo compañero de viaje, trataré de reproducir lo que me contó Juan del ser con quien había estado en contacto en Port Said.

—El hombre que buscaba —dijo— se llamaba Adlan. Murió hace treinta y cinco años. Había intentado otras veces comunicarse conmigo, y al principio no comprendí. Al fin consiguió mostrarme lo que veía, y noté que los barcos del puerto eran pequeños y de vela. El edificio de la Compañía del Canal no estaba en su sitio. Todo esto me excitaba sobremanera. Me llevó largo tiempo trasladarme al pasado.

Es preciso condensar el relato de Juan. Para fortalecer su visión del pasado, buscó, dirigido por Adlan, un punto de apoyo: un inglés de mediana edad, armador de barcos, que había pasado gran parte de su infancia en Port Said. Este anglo-egipcio, Harry Robinson, le habló con gusto de los sucesos de su niñez y le describió a Adlan, a quien veía en aquel tiempo casi diariamente. Juan se familiarizó tanto con la mente de Robinson, que pudo visitar fácilmente el pasado, y pasearse por una Port Said ya desaparecida.

A través de los ojos de Harry, Adlan era un barquero nativo, viejo y pobre. Tenía una cara de momia, oscura y arrugada, pero vivaz, con una sonrisa frecuente y algo sombría. La cabeza gigantesca estaba coronada por un fez de un tamaño ridículo. Cuando el fez se le caía —lo que ocurría a menudo— se veía un cráneo totalmente calvo. Juan me dijo que le recordaba una pieza de madera oscura y pulida, curiosamente modelada. Tenía los típicos ojos grandes, uno de ellos inyectado en sangre y purulento. Como tantos nativos, sufría de oftalmia. Sus piernas oscuras estaban cubiertas de cicatrices. Había perdido, además, varias uñas de los dedos de los pies.

Adlan se ganaba la vida transportando pasajeros desde los barcos hasta la costa, y llevando a los residentes europeos desde y hacia las casas de baños, edificios de madera construidos en el mar, sobre grandes escuadras metálicas. La familia Robinson alquiló muchas veces a Adlan y su barca. Adlan esperaba junto a la casa de baños a que los Robinson terminasen de bañarse y almorzar, y luego los llevaba de vuelta al puerto.

Mientras Adlan remaba —su barca era de larga proa y vivos colores

—, y mientras Harry conversaba con sus padres, su hermana o el mismo Adlan, Juan, mirando la escena a través de los ojos de Harry, se comunicaba telepáticamente con aquel singular egipcio.

La proyección al pasado llevó a Juan al año 1896. Adlan afirmaba tener en ese momento trescientos ochenta y cuatro años de edad. Si Juan no hubiese conocido a Jacqueline, no lo habría creído. Adlan había nacido en alguna parte del Sudán en

1512. Fue en su primer siglo el sabio de la tribu, pero al fin resolvió cambiar de ambiente y buscar la civilización. Viajó por el Nilo y se estableció en El Cairo, donde conquistó gran fama como hechicero. Durante el siglo XVII desempeñó un activo papel en la turbulenta vida política de Egipto, y fue en cierto momento el hombre que movía los hilos del poder. Pero las actividades políticas no lo satisfacían. Se encontraba en la posición de un espectador inteligente que observa una partida de ajedrez entre dos jugadores muy torpes. No podía dejar de ver de qué manera se podía jugar mejor, y al fin se encontró jugando él mismo. Hacia fines del siglo XVIII empezó a dedicarse más y más al desarrollo de sus poderes ocultos y principalmente a su arte más reciente: el de proyectarse al pasado.

Poco antes de la llegada de Napoleón, Adlan interrumpió su vida política fingiendo un suicidio. Durante un tiempo vivió en El Cairo, humilde y oscuramente. Se ganaba la vida como aguatero, recorriendo con su asno, cargado de odres hinchados y goteantes, las calles polvorientas. Mientras tanto, sus poderes supernormales crecían todavía más. A veces los utilizaba para curar a sus compañeros de pobreza. Pero su interés principal era la exploración del pasado. En aquel tiempo se sabía muy poco del antiguo Egipto, y Adlan anhelaba apasionadamente tener una experiencia directa de la vieja raza. Hasta ese entonces sólo había podido remontarse a unos pocos años atrás. Decidió retirarse a una aldea y cultivar el suelo del Delta. La cultura y las costumbres de los campesinos habían cambiado poco, probablemente, desde los días de los faraones. Pasó el tiempo, y Adlan llegó a estar tan familiarizado con la antigua Memphis como con la moderna El Cairo.

En el segundo cuarto del siglo XIX, cuando aún parecía un hombre de mediana edad, quiso explorar otras culturas. Con este fin se estableció en Alejandría. Aunque con menos facilidad y menos éxito que en sus visitas al antiguo Egipto, entró en Grecia, en la época de la gran Biblioteca, y aún en la de Platón.

En el último cuarto del siglo XIX, Adlan recorrió en su asno la franja de arena que separa el lago Menzaleh del mar y se estableció en Port Said. No se limitó a practicar su profesión de aguatero. A veces alquilaba su asno, y corría entonces con los pies desnudos detrás de la bestia blanca, golpeándole cariñosamente los cuartos traseros y gritándole: «¡Hah! ¡Hah!». Una vez le robaron el asno, al que llamaba

«Hermosos ojos negros». Siguió sus huellas sobre la arena húmeda, durante cuarenta kilómetros, alcanzó y castigó al ladrón, y regresó triunfante con su bestia. A veces subía a bordo de los transatlánticos, y entretenía a los pasajeros haciendo juegos malabares con bolas o anillos. En ocasiones vendía sedas y joyas.

El objeto de Adlan al trasladarse a Port Said había sido ponerse en contacto con la vida y el pensamiento europeos y, si era posible, con la India o la China. El canal era en ese entonces el punto más cosmopolita del mundo. Levantinos, griegos, rusos, láscaros, chinos, europeos que se dirigían a Oriente; asiáticos en viaje hacia Londres y París, musulmanes con destino a La Meca, todo el mundo pasaba por Port Said. Veintenas de razas, lenguas, religiones y culturas tropezaban unas con otras en aquella ciudad notoriamente híbrida.

Adlan aprovechó enseguida las posibilidades de su nuevo ambiente. Sus métodos eran muy diversos, pero todos dependían en lo esencial de sus dotes telepáticas y su extrema inteligencia. Pronto tuvo una clara imagen de la cultura europea y de las culturas india y china. Casi todos los turistas y residentes de Port Said eran una especie de filisteos, difíciles de utilizar. Pero mediante un brillante proceso de inferencia Adlan reconstruía la matriz cultural que había formado esas mentes. Los libros que le prestaba un agente de navegación, aficionado a las letras, le eran además de gran ayuda. Aprendió también a dar a sus poderes telepáticos tal alcance que, reuniendo en un haz todos sus conocimientos sobre Juan Ruskin, por ejemplo, podía entrar en contacto con ese sabio didáctico en su remoto hogar junto a Coniston Water.

Pronto fue evidente para Adlan que el período verdaderamente interesante del pensamiento europeo se hallaba en el futuro. La tarea de explorar el futuro no era tan sencilla como la de visitar el pasado, y si no hubiese encontrado a Juan —de mente similar a la suya— no habría podido realizarla. Enseñando en cambio a ese otro supernormal a remontarse al pasado, podría conocer el futuro sin el precario y peligroso trabajo de proyectarse a sí mismo.

Me sorprendió que aunque sólo habían transcurrido unas semanas desde nuestra llegada a Egipto, Juan hubiese pasado varios meses con Adlan. O tal vez debería decir que sus entrevistas con Adlan (a través de la mente de Harry) se distribuían a lo largo de un período de varios meses. Día tras día el anciano llevaba a los Robinson a su casilla de baños, remando vigorosamente y conversando en árabe con Harry sobre barcos y camellos. Y al mismo tiempo conversaba con Juan telepáticamente, acerca de la relatividad, la teoría de los cuanta, o el determinismo económico de la historia. Juan comprendió muy pronto que había encontrado una mente que, por una superioridad original o una prolongada meditación, estaba más adelantada que la suya, e incluso conocía mejor la cultura europea occidental. La inteligencia de Adlan hacía aún más incomprensible su modo de vida. Juan se decía a sí mismo, con cierta complacencia, que si vivía tanto como Adlan no pasaría la vejez trabajando. Pero antes de separarse del egipcio empezó a adoptar un punto de vista más humilde.

El anciano se interesó vivamente en las teorías biológicas de Juan y sus posibles consecuencias.

—Sí —dijo—, somos muy diferentes de los otros hombres. Lo he sabido desde los ocho años. Las criaturas que nos rodean son apenas humanas; pero me parece, hijo mío, que sobrestimas esa diferencia. Quiero decir que para ti el proyecto de fundar una nueva especie es el único camino posible y para mí es sólo un camino más. Y cada uno de nosotros debe servir a Alá como Alá se lo pida.

Adlan no pretendía, parece, enfriar el entusiasmo de Juan. Al contrario, aplaudía el proyecto y ofrecía numerosas y valiosas sugerencias. Tanto que una de sus ocupaciones favoritas, mientras remaba, era describir con profético entusiasmo el mundo que crearían «los nuevos hombres de Juan», y explicar cuánto más vitales y felices serían que el Homo Sapiens. Sin duda este entusiasmo era sincero, pero tenía, según Juan, un matiz de delicada ironía, no del todo distinto del celo con que los mayores participan de los juegos infantiles. En una ocasión Juan lo desafió deliberadamente, y le habló de su proyecto como de la aventura más grande que el hombre pudiese llevar a cabo. Adlan descansaba sobre los remos esperando a que un navío de la Austrian Lloyd pasase por el canal. Harry miraba fijamente el navío, pero Juan lo indujo a volver los ojos hacia el viejo. Adlan observó con gravedad al muchacho: «Hijo mío, mi querido hijo», expresó, «Alá desea de sus criaturas dos clases de servicios. Primero, una actividad creadora, y ésa es tu vocación. Segundo, que observen con inteligencia y alaben con discriminada alegría la excelencia de su obra. Y éste es mi servicio, ofrecer a Alá una vida de alabanzas que ningún hombre, ni siquiera tú, hijo mío, pueda igualar. Tú puedes servirle mejor en la acción, inspirada siempre por una comprensión profunda. Pero yo debo servirlo directamente en la contemplación y la alabanza, aunque para esto debí pasar ante todo por la escuela de la acción.

Juan adujo que un mundo de hombres nuevos glorificaría mejor a Alá que unos pocos espíritus aislados en un mundo de criaturas subhumanas, y que, por lo tanto, la tarea más urgente era crear ese mundo.

Pero Adlan contestó:

—Así te parece, porque estás hecho para la acción, y porque eres joven. Y por cierto que es así. Nosotros, los contemplativos, sabemos que vosotros crearéis un día un mundo nuevo. Pero también sabemos que hay otra tarea. Quizá hasta sea parte de mi tarea ver muy lejos en el futuro para alabar las grandes hazañas que tú, o algún otro, estáis destinados a realizar.

Juan concluyó su relato diciendo:

—Luego el viejo dejó de comunicarse conmigo, y de hablar con Harry. Más tarde

«pensó» en mí otra vez. Su alma me envolvió con grave ternura. «Es hora de que me dejes», expresó. «He vislumbrado tu futuro. Y aunque puedas oír mis presagios sin desmayos, y sin apartarte del camino de las alabanzas, no te hablaré de eso». Al día siguiente lo volví a encontrar, pero no deseaba hablarme. Al final del viaje, cuando los Robinson bajaban del bote, tomó a Harry en sus brazos y lo depositó en tierra diciéndole, en el lenguaje que los residentes europeos creían árabe:

«¡Lhawaga swoia, quaïs ketir!». (El pequeño amo es muy hermoso). A mí me dijo con el pensamiento:

«Esta noche o quizás mañana, moriré. Pues he alabado el pasado y el presente, y el futuro próximo, con toda la comprensión de que Alá me dotó. Y asomándome al futuro lejano sólo he podido ver cosas oscuras y terribles que no alabaré. Por lo tanto, he cumplido mi tarea. Ahora puedo descansar».

Al día siguiente otro barco llevó a Harry y sus padres a las casillas de baño.

17

NG-GUNKO Y LO

Se recordará que habíamos sacado pasajes para tres personas vía Oriente a Toulon e Inglaterra. El tercer miembro del grupo apareció tres horas antes que saliera el barco.

Juan explicó que había descubierto a esta sorprendente criatura, llamada Ng- Gunko, con la ayuda de Adlan. El viejo se había puesto en contacto con este contemporáneo de Juan desde el pasado.

Ng-Gunko era nativo de una remota montaña selvática de Abisinia, y aunque todavía en la infancia, se había encaminado —a pedido de Juan— hacia Port Said, pasando por una serie de aventuras que no narraré aquí.

Pasó el tiempo y Ng-Gunko no aparecía. Mi escepticismo e impaciencia crecieron, pero Juan esperaba confiado. Ng-Gunko apareció en el hotel mientras yo trataba de cerrar el baúl. Era un negrito grotesco y sucio, y me molestó la perspectiva de compartir con él nuestro camarote. Parecía tener unos ocho años, pero en realidad pasaba de los trece. Usaba un caftán azul y largo, muy arrugado, y un fez roto. Como supimos después, había comprado esta ropa para no llamar la atención. Pero era inútil. Al verlo, mi primera reacción fue de franca incredulidad: este animal no existe, me dije a mí mismo. Luego recordé que la mutación de una especie produce a menudo una larga serie de personajes tan fantásticos que muchos de los nuevos tipos no son siquiera viables. Ng-Gunko, decididamente viable era, sin embargo, una monstruosidad. Aunque en su rostro había una oscura mezcla de negroide y semita, con una inequívoca reminiscencia del tipo mongólico, su mota de negroide no era negra sino de un color rojo oscuro. El ojo derecho, enorme y negro, armonizaba con el cutis, pero el ojo izquierdo, mucho más pequeño, era azul. Estas discrepancias daban al rostro una comicidad siniestra. Los labios gruesos se le torcían frecuentemente en una sonrisa que revelaba tres dientecitos arriba y uno abajo. El resto de la dentadura no había salido todavía.

Ng-Gunko hablaba inglés con fluidez, pero con una pronunciación extraña. Había aprendido esta lengua en su viaje de seis semanas por el valle del Nilo. Cuando llegamos a Londres, su inglés era tan bueno como el nuestro.

La tarea de preparar a Ng-Gunko para el viaje fue singularmente ardua. Lo lavamos ante todo con agua y jabón y lo cubrimos luego de insecticida. Tenía varias heridas putrefactas en las piernas. Juan esterilizó la hoja más afilada de su cortaplumas, y cortó la carne en mal estado mientras Ng-Gunko nos hacía unas muecas de dolor y diversión. Le compramos, venciendo sus protestas, unos trajes europeos; lo hicimos fotografiar para el pasaporte, que Juan ya había tramitado ante las autoridades egipcias, y lo condujimos triunfalmente al barco con su pantalón nuevo y una camisa blanca.

Durante el viaje tratamos de enseñarle modales europeos. No debía limpiarse la nariz en público, y mucho menos sonársela con la mano. No debía tomar la carne y las verduras con los dedos. No debía hacer sus necesidades en cualquier lugar. No debía, aunque no era más que un niño, aparecer desnudo en el comedor. No debía exhibir su inteligencia. No debía observar fijamente a sus compañeros de viaje. Por sobre todo, le dijimos, debía dominar el impulso, aparentemente irresistible, de jugarles bromas pesadas.

Aunque frívolo, Ng-Gunko poseía evidentemente una inteligencia superior. Era notable, por ejemplo, que un chico que había vivido catorce años en la selva comprendiera fácilmente el principio de la turbina de vapor. El viejo y experimentado escocés que nos mostraba el cuarto de máquinas se rascaba la cabeza ante las preguntas de Ng-Gunko. Juan tuvo que susurrarle airadamente:

—Si no reprimes tu maldita curiosidad, te arrojaré al mar.

Llegamos a destino y Ng-Gunko fue instalado en casa de los Wainwright. Como no deseábamos llamar excesivamente la atención, le teñimos el cabello de negro y le compramos unas gafas oscuras.

Desgraciadamente, Ng-Gunko era muy joven, y no resistía la tentación de estudiar a los nativos. Cuando salía con nosotros a la calle, agobiado por el clima inglés, solía retrasarse unos pasos. Si nos cruzábamos entonces con una anciana o un niño, Ng-Gunko adelantaba la barbilla, se sacaba las gafas y sonreía diabólicamente. A veces no reparaban en él; pero en una ocasión tuvo tanto éxito que la víctima lanzó un alarido. Juan se volvió hacia su protegido y lo tomó por el cuello.

—Vuelve a hacerlo —le dijo— y te arrancaré de cuajo ese ojo azul.

Ng-Gunko no volvió a repetir la jugarreta en presencia de Juan, pero se aprovechaba a menudo de mi condescendencia.

Sin embargo, pocas semanas más tarde, Ng-Gunko comenzó a interesarse por la gran aventura y su papel de conspirador. Pero era todavía, en el fondo, un pequeño salvaje. Hasta su pasión extraordinaria por las máquinas se parecía al deleite de una mente primitiva que descubre el mundo civilizado. Su talento para la mecánica eclipsaba en algunos sentidos al de Juan. A los pocos días del desembarco andaba en motocicleta y realizaba con ella increíbles malabarismos. Muy pronto la desarmó y volvió a armarla. Dominaba asimismo los principios del poder psicofísico desarrollado por Juan, y descubrió, con gran alegría, que podía realizar él mismo aquellos milagros. Ya se daba por sentado que sería el ingeniero responsable del barco y la futura colonia, dejando a Juan los asuntos más importantes. Pero en los actos de Ng-Gunko, y en su actitud hacia la vida, había una pasión y una intensidad muy distintas de la calma invariable de su amigo. Yo a veces me preguntaba si era verdaderamente un supernormal o sólo un ser insólito dotado de una brillante inteligencia. Pero cuando se lo sugerí a Juan, éste se rió:

—Ng-Gunko es un niño; pero con notables dones telepáticos. En ese sentido pronto me superará. Aunque ambos somos todavía unos verdaderos principiantes.

Poco después de nuestro regreso a Egipto llegó otro supernormal. Era la muchacha que Juan había encontrado en Moscú. Como los otros de su especie, parecía mucho más joven de lo que en realidad era. Tenía el aspecto de una niña y, sin embargo, había cumplido diecisiete años. Se había embarcado como camarera en un navío soviético y había descendido en un puerto inglés. Con dinero inglés que había conseguido en Rusia, llegó sin mayores dificultades a casa de los Wainwright.

Lo, a primera vista, era mucho más normal que Ng-Gunko o Juan. Podría haber pasado por la hermana menor de Jacqueline. Tenía, indudablemente, una cabeza de gran tamaño, pero las facciones eran regulares y el lacio cabello negro bastante largo como para parecer una melena. Los altos pómulos y los ojos hundidos, aunque grandes, delataban su origen asiático. La nariz era ancha y chata, y el cutis decididamente amarillo. Me sugería una estatua dotada de vida, donde el artista hubiese expresado un ideal felino.

—Es delgada y dúctil —decía Juan—. Parece a punto de romperse y, sin embargo, tiene músculos de acero recubiertos de seda.

En las semanas anteriores a la partida del yate, Lo ocupó la habitación que había pertenecido a Ana, la hermana de Juan. Las relaciones entre Lo y Pax, aunque amistosas, no fueron fáciles. Lo era excepcionalmente callada. Esto, estoy seguro, no molestaba a Pax, a quien atraían las personas silenciosas. Pero, cuando estaba con Lo sentía, aparentemente, una constante necesidad de hablar. Lo contestaba con corrección y amabilidad, pero Pax parecía incómoda. Se equivocaba, ponía las cosas en sitios inapropiados, cosía mal los botones, rompía la aguja, y todo parecía llevarle más tiempo del necesario.

Nunca descubrí por qué Pax se sentía tan incómoda con Lo. La muchacha era realmente un ser desconcertante, pero me parecía que Pax podía entenderse con ella mejor que con otras personas. En Lo, no sólo era turbador el silencio, sino también la falta casi completa de expresiones faciales, mejor dicho, de cambios de expresión, lo que significaba una profunda indiferencia. En las situaciones sociales comunes, cuando otros parecían divertidos, contentos o exasperados, la cara de Lo permanecía inmutable.

Al principio pensé que era insensible o quizás retardada; pero un curioso acontecimiento me demostró mi error. La muchacha descubrió su pasión por la novela y, especialmente, por Jane Austen. Leyó todas las obras de la incomparable novelista una y otra vez, con tal frecuencia que Juan, de intereses tan distintos, empezó a burlarse. Lo nos endilgó entonces un largo discurso.

—En mi patria —dijo— no hay nada similar a Jane Austen. Pero sí en mí, y estos viejos libros me ayudan a conocerme. Por supuesto, son solamente sapiens; lo sé; pero eso mismo contribuye a la diversión. ¡Es tan interesante transponerlos para que estén de acuerdo con «nosotros»! Por ejemplo, si Jane pudiera comprenderme, ¿qué diría de mí? La respuesta es extraordinariamente reveladora. Desde luego, nuestras mentes están fuera de su alcance, pero su actitud puede aplicársenos. Observa su pequeño mundo con notable inteligencia y vivacidad, y le otorga un significado que ese mundo no podría descubrir por sí mismo. Bueno, yo pienso estudiar a nuestro grupo y nuestra virtuosa colonia, desde el punto de vista de Jane. Deseo revelar su significado más oculto, aquel que no podría descubrir su honesto y noble jefe.

¿Sabes, Juan?, creo que el Homo Sapiens puede enseñarte muchas cosas. Acerca de la personalidad sobre todo. Y si estás demasiado ocupado para aprender, lo haré yo, o la colonia será intolerable.

Ante mi sorpresa, Juan respondió besándola. Lo insistió gravemente:

—Juan Raro, verdaderamente tienes mucho que aprender.

Este incidente puede sugerir que a Lo le faltaba humor. Pero no. Era una humorista amable. Aunque parecía incapaz de sonreír, hacía reír con frecuencia a los demás. Y, sin embargo, repito, era misteriosamente desconcertante para casi todos nosotros. Hasta Juan se sentía a veces incómodo en su presencia. Una vez, mientras hablaba de finanzas, se interrumpió para decir:

—Esa muchacha se está riendo de mí, a pesar de su cara solemne. Nunca se ríe, pero sólo en apariencia. Ahora dime, Lo, ¿qué te divierte?

Lo respondió:

—Querido e importante Juan, eres tú quien se ríe. Te ríes de tu propia imagen, tal como yo la reflejo.

La principal ocupación de Lo, durante las semanas que pasó en Inglaterra, consistió en adquirir la ciencia y el arte médicos, y familiarizarse con los últimos adelantos de la embriología. Sólo mucho más tarde conocí el motivo de sus estudios. Éstos se desarrollaban rápidamente gracias a la colaboración de un embriólogo distinguido de la universidad local. Lo tenía además con Juan prolongadas discusiones.

A medida que se acercaba el momento de la partida, los estudios de Lo se hacían más apremiantes. Por fin empezó a dar señales de agotamiento. Le pedimos que descansara algunos días.

—No —dijo—, debo terminar antes de partir. Ya descansaré luego. Le preguntamos si dormía lo suficiente. Evadió la respuesta.

—¿Duermes alguna vez? —le preguntó Juan con suspicacia.

La muchacha vaciló y contestó:

—Nunca, si puedo evitarlo. En verdad, hace años que no duermo. La última vez dormí una eternidad. Pero nunca volveré a dormir.

—¿Por qué? —preguntó Juan, incrédulo.

Lo se encogió de hombros. Después agregó:

—Es una pérdida de tiempo. Me meto en cama, pero leo o pienso toda la noche. No sé si he dicho que los otros supernormales dormían poco. A Juan, por ejemplo, le bastaban cuatro horas por noche, y podía pasarse tres días sin dormir.

Poco después de este incidente supe que Lo no había bajado a tomar el desayuno, y que Pax la había encontrado en cama, dormida.

—Pero no está bien —dijo Pax—. Aprieta los ojos y tiene una expresión de rabia y temor. Murmura constantemente en ruso o algo así, y se clava las uñas en el pecho.

Tratamos inútilmente de despertarla. La sentamos. Le echamos agua fría, le gritamos, la sacudimos y la pellizcamos. Sin resultado. Al atardecer empezó a gritar. Siguió así toda la noche. Me quedé con los Wainwright, aunque nada podía hacer. La calle entera estaba en vela. A veces era un grito inarticulado, como el de un animal dominado por el dolor y la furia; a veces un torrente de palabras en ruso, pero tan embrollado que Juan no podía entender una palabra.

Al amanecer se tranquilizó, y durante más de una semana durmió profundamente. Una mañana bajó a tomar el desayuno como si nada hubiera pasado, pero parecía, dijo Juan, «un cadáver animado por un alma escapada del infierno».

Cuando se sentó, le preguntó a Juan:

—¿Comprendes ahora por qué me gusta Jane Austen más que Dostoievski, por ejemplo?

Tardó algún tiempo en recuperar su serenidad habitual. Días más tarde le habló a Pax de sí misma.

En su infancia, antes de la revolución, cuando su familia vivía en una aldea siberiana, dormía todas las noches, pero tenía con frecuencia pesadillas espantosas, indescriptibles. Se veía convertida en una bestia furiosa, o un demonio y, sin embargo, en su interior, conservaba su yo normal, como espectador impotente de su propia locura. Creció, y estos terrores se disiparon. Durante la revolución, y los años siguientes, su familia sufrió los horrores del hambre y la guerra civil. Era todavía, en apariencia, una niña, pero ya podía apreciar el significado de la guerra. Había llegado, por ejemplo, a la convicción de que, aunque ambos bandos eran igualmente capaces de brutalidad y generosidad, uno estaba, en general, en lo cierto, y el otro en el error. Aun en esa temprana edad sentía, vagamente, pero con certeza que el horror de su vida, los bombardeos, los incendios, las ejecuciones en masa, el frío, el hambre eran algo que se debía aceptar. Aceptó, todo eso, triunfalmente; pero un día los blancos saquearon el pueblo y asesinaron a su padre. Lo huyó con su madre en un tren de refugiados y heridos. El viaje fue, por supuesto, desesperadamente fatigoso. Lo se durmió, se hundió una vez más en sus pesadillas, ahora pobladas por el espanto de la guerra civil, y asistió impotente al espectáculo de su otro yo, que perpetraba las más terribles atrocidades.

Desde entonces, todo exceso de fatiga despertaba en ella aquellos sueños, con todos sus horrores. Explicó que las crisis eran ahora menos frecuentes. Pero, por otra parte, el contenido de los sueños era más terrible porque —no podía explicarlo claramente— era más universal, más metafísico, más cósmico, y, al mismo tiempo, la expresión definida de algo satánico —así dijo Lo— que habitaba en su propio ser.

18

EL PRIMER VIAJE DEL SKID

Desde entonces Pax se sintió más a gusto con Lo. La había atendido, había oído sus confidencias, y se había apiadado de la joven. Era indudable, sin embargo, que la presencia de Lo la fatigaba. Cuando botaron el yate, Juan mismo me dijo:

—Debemos partir enseguida. Lo está matando a Pax, aunque hace lo posible por evitarlo. ¡Pobre Pax! Se está poniendo vieja.

Era verdad. Pax encanecía, y se le estiraba la boca.

Supe —y no puedo explicar claramente mis sentimientos— que yo no iría en el yate. Podía vivir mi propia vida. Podía casarme y establecerme. Juan, si me necesitaba, me llamaría a su lado. Pero ¿cómo podía yo vivir sin Juan? Traté de convencerlo. Un barco parecido a un plato, con tres niños a bordo, no atraería tanto la atención si llevaba también un adulto. Pero mi sugerencia fue rechazada. Juan me dijo que ya no parecía un niño, y que, además, podía retocarse el rostro.

No necesito describir detalladamente los preparativos de la aventura. Ng-Gunko y Lo aprendieron a volar; y los tres se familiarizaron con las características del curioso avión y el curioso barco. Este último fue botado al Clyde por Pax, y bautizado Skid, nombre con el cual se lo registró debidamente. Para la inspección oficial se colocó un motor común, que fue reemplazado luego por la unidad de energía psicofísica.

Una vez listos el yate y el aeroplano, se hizo un viaje de prueba a las islas occidentales. En este viaje se me admitió como huésped. La experiencia bastó para quitarme todo deseo de un viaje más largo. El modelo del yate, en escala reducida, no me había permitido imaginar las incomodidades del barco real. Era un yate seguro, pero tan bajo que las olas barrían constantemente la cubierta. Esto no importaba, pues los dispositivos de navegación estaban a buen resguardo en un estilizado refugio que recordaba la cabina de un automóvil. Cuando el tiempo era bueno, se podía estirar las piernas en cubierta, pero en el interior del yate apenas había espacio. La cantidad de máquinas, utensilios y provisiones era increíble. Y también estaba el avión. Este extraño aparato, diminuto para las medidas ordinarias, y doblado como un abanico, ocupaba gran parte de la nave.

Después de salir de Greenock, nos deslizamos cómodamente por el Clyde, más allá de Arran, y pasamos el Cabo de Kintyre. Nos sorprendió la tempestad y yo me enfermé. Lo mismo le ocurrió —para mi alegría— a Ng-Gunko. Estaba tan mal que Juan decidió buscar un puerto. Creíamos que se moría. Pero, repentinamente, Ng- Gunko aprendió a dominar el reflejo del vómito. Descansó entonces diez minutos, y saltó de su litera con un grito de triunfo. Una ola lo devolvió a la cocina.

Las pruebas tuvieron éxito. Lanzado a toda velocidad, el Skid sacaba la proa fuera del agua y levantaba una montaña de olas y espuma. El tiempo era tormentoso, pero se ensayó también el avión. Lo levantaron con una grúa y lo desplegaron sobre el agua. Los tres miembros de la tripulación hicieron varios vuelos de prueba. Lo más sorprendente era que gracias a su diseño y la potencia de su motor el aparato despegaba directamente.

Una semana después, el Skid emprendió su primer viaje largo. Nos despedimos en el muelle. Las reacciones de los Wainwright ante la partida del hijo menor, fueron muy distintas. El doctor temía los peligros del viaje y no confiaba en la capacidad de los jóvenes. Pax no demostraba la menor inquietud, tanta era su confianza en Juan. Pero, evidentemente, le costaba despedirse. Abrazándola, Juan le dijo: «¡Querida Pax!», y saltó a bordo.

Lo, que ya se había despedido, se volvió hacia Pax, le tomó las manos, y le dijo sonriendo:

—Querida madre del importante Juan.

A este extraño saludo, Pax contestó simplemente con un beso.

Lo poco que sé del viaje se debe, por una parte, a las lacónicas cartas de Juan y, por otra, a la conversación que tuvimos a su regreso. El itinerario fue establecido de acuerdo con sus investigaciones telepáticas. La distancia, no tenía, aparentemente, relación con la mayor o menor facilidad con que Juan captaba los pensamientos de otros supernormales. El éxito dependía enteramente de la similitud de las experiencias de ambos sujetos. Estaba así en comunicación con un hombre del Tíbet, y otros dos de la China, pero de la existencia y ubicación de otros posibles miembros poco podía decir.

Las cartas nos informaron que el Skid había viajado infructuosamente durante tres semanas por la costa oriental de África. Juan había recorrido el interior en pos de un supernormal que vivía en algún oasis del Sahara. Sorprendido por una tempestad, hizo un aterrizaje forzoso en el desierto. La arena había obstruido el motor.

—Cuando calmó el viento, limpié la máquina —dijo Juan—, y volé de vuelta al

Skid, masticando todavía arena.

No sé cuántas hazañas similares aparejó la aventura.

El Skid ancló en la ciudad de El Cabo, y los tres jóvenes salieron a recorrer Sudáfrica siguiendo las débiles huellas de una mentalidad supernormal. Juan y Lo volvieron con las manos vacías. En su carta Juan observaba: «Es delicioso. Los blancos tratan a los negros como si fueran una especie inferior. Lo dice que le recuerda las historias de su madre sobre la Rusia de los zares».

Juan y Lo esperaron impacientes algunas semanas, mientras Ng-Gunko, feliz sin duda por haber vuelto a las condiciones nativas, investigaba en los remotos bosques y salinas de Ngamiland. Se comunicaba diariamente con Juan, pero en sus andanzas había algo de misterioso. Juan se sentía inquieto. El muchacho era peligrosamente joven y, quizás, de un tipo menos equilibrado que el suyo. Por fin tuvo que decir a Ng-Gunko que «si no se dejaba de locuras» el Skid partiría sin él. La respuesta le aseguró alegremente que en uno o dos días, Ng-Gunko emprendería el regreso. Una semana después llegó un mensaje con un grito de triunfo y un SOS. El negrito había alcanzado a su presa, pero no tenía dinero para el viaje de vuelta en ferrocarril. Por tanto, Juan voló hacia el lugar indicado, mientras Lo, sola, llevaba el Skid a Durban.

Juan esperaba desde hacía varios días en una aldea, cuando apareció Ng-Gunko, rendido, pero radiante. Abrió un atado que traía a la espalda, levantó una punta de las envolturas, y mostró al indignado Juan un diminuto bebé negro que boqueaba y se retorcía.

Ng-Gunko, parece, había descubierto que las huellas telepáticas venían de cierta tribu y de una determinada mujer. Su conocimiento del África le había permitido reconocer en la actitud de esta indígena ante la selva, algo de su propia actitud. En una investigación ulterior advirtió que, aunque la mujer era ligeramente supernormal, el origen de aquellas débiles señales no era ella, sino su futuro hijo. En las experiencias prenatales del niño, Ng-Gunko reconoció los rudimentos de la sensibilidad supernormal.

Era notable que una mente tuviese antes de nacer actividad telepática. La madre gestaba al niño desde hacía ya once meses. Pero Ng-Gunko sabía que él también había nacido tarde, y sólo cuando las comadronas de la tribu recurrieron a ciertos estímulos. Persuadió entonces a la madre negra, mortalmente cansada, a seguir este tratamiento. El niño nació, pero la madre perdió la vida. Ng-Gunko emprendió viaje con su presa. Cuando Juan le preguntó con qué había alimentado al bebé, Ng-Gunko explicó cómo se ordeñaban los antílopes salvajes. El bebé, por supuesto, no había adelantado, pero estaba vivo.

El raptor advirtió, apenado, que nadie aplaudía su hazaña. Juan se preguntaba qué diablos harían con la criatura, y si valía la pena ocuparse de ella. Ng-Gunko creía haber encontrado un superhombre que los sobrepasaría a todos. Más tarde el mismo Juan se sorprendió al examinar la mente del recién llegado.

El avión partió hacia Durban con el bebé en brazos de Ng-Gunko. Uno hubiese esperado que el cuidado y la atención del niño recayeran sobre Lo, pero la muchacha se mantuvo a distancia. Ng-Gunko aclaró, además, que se hacía responsable del niño, a quien llamó Sambo, y se consagró a él como una madre a su primogénito o un escolar a sus tesoros.

El Skid se dirigió luego a Bombay. En alguna parte, al norte del ecuador, estalló una tormenta. Para el barco fue un asunto sin importancia, pero debió de incomodar a la tripulación. Tiempo después me enteré de un incidente ocurrido en aquellos días, y que Juan no mencionó en sus cartas. El Skid encontró un pequeño velero británico, el Frome, que se hallaba en peligro. Había perdido el timón y trataba de capear la tormenta. El Skid se acercó, y cuando la lucha del Frome fue evidentemente inútil, la tripulación se lanzó a los dos botes. El Skid trató de remolcarlos. La operación era muy peligrosa. La tormenta arrojó un bote sobre la cubierta del yate, y la popa de este último se hundió bajo el agua. Ng-Gunko, que se ocupaba del remolque, se hirió gravemente un pie. El bote cayó otra vez al mar y naufragó. El Skid sólo pudo salvar a dos tripulantes. Se remolcó al otro bote. Unos días después mejoró el tiempo y el Skid y su carga se encaminaron hacia Bombay. Pero la curiosidad de los dos rescatados era cada vez mayor. ¿Quiénes eran esos tres muchachos excéntricos y ese bebé negro que atravesaban el océano en un yate igualmente excéntrico movido por una fuerza incomprensible? Los dos marinos no escatimaban elogios a sus salvadores, y aseguraron a Juan que hablarían de él en la investigación del naufragio.

Esto resultaba muy inconveniente. Los tres supernormales discutieron la situación y acordaron una acción drástica. Juan sacó una pistola y tiró sobre los huéspedes. El ruido causó gran alboroto en el otro bote. Ng-Gunko tiró de la cuerda de remolque, acercando el bote, y Juan viró mientras Ng-Gunko y Lo, sobre cubierta, armados de rifles, decidían la suerte de los otros náufragos. Cumplida la macabra tarea, tiraron los cadáveres al mar. Limpiaron el bote de manchas de sangre, y luego lo echaron a pique. El Skid continuó su viaje.

Cuando Juan me contó, mucho después, este horrible incidente, me sentí tan indignado como perplejo. ¿Por qué, le pregunté, si no se arriesgaba a un poco de publicidad, había desafiado la muerte en la difícil tarea del salvamento? ¿Y cómo no se había imaginado, durante esa operación, que la publicidad era inevitable? ¿Había alguna empresa, le pregunté, aunque fuera la fundación de una nueva especie, que justificase esa fría carnicería de seres humanos? Si ésta era la conducta del Homo Superior, me alegraba ser, gracias a Dios, de otra especie. Seríamos débiles y estúpidos, pero apreciábamos por lo menos el carácter sagrado de la vida humana.

¿No era este acto de brutalidad muy parecido a los innumerables crímenes judiciales, políticos y religiosos que manchaban la hoja del Homo Sapiens? Sus autores los juzgaban justos, pero los más humanos sentían que eran actos de barbarie.

Juan habló con esa calma y recogimiento con que respondía a mis preguntas más serias. Señaló, ante todo, que el Skid estaría aún mucho tiempo en contacto con el Homo Sapiens. Su tripulación debía trabajar en la India, el Tíbet, y la China. Si se divulgaba su intervención en este asunto, deberían, indudablemente, testimoniar en la investigación. Y si los descubrían, la aventura habría terminado. Si hubiesen conocido en esa época, como lo conocieron más tarde, el dominio hipnótico, habrían borrado de aquellas mentes todo recuerdo del naufragio.

—No —dijo—. No podíamos hacerlo. Nos habríamos expuesto a la publicidad, o a que nos destruyera la tormenta, con la esperanza de evitarla. Tratamos de que nuestros huéspedes olvidasen, pero no lo logramos. El acto te indigna, Fido, por su maldad; pero olvidas algo importante. Para tu especie, ocupada sólo en fines quiméricos, lo que hicimos es un crimen. Hoy, en efecto, el hombre debe preferir la muerte antes que matar a sus semejantes. Pero así como el hombre mata lobos y tigres para protegerse, así nosotros matamos a aquellas criaturas. Eran inocentes, pero peligrosas. Amenazaban la más noble empresa de este planeta. ¡Piensa! Si tú y Berta se encontrasen en un mundo de monos, inteligentes, dignos de afecto, pero ciegos y brutales, ¿no los matarías? ¿Renunciarías a un posible mundo humano? No. Sería una cobardía. No física, sino espiritual. Bueno, si pudiésemos eliminar al Homo Sapiens, francamente, lo haríamos. Pues si tu especie nos descubre, y comprende lo que somos, nos destruirá. Sabemos, recuérdalo, que el Homo Sapiens poco puede contribuir a la música de este planeta. En realidad, nada más que con vanas repeticiones. Es hora de que otros instrumentos toquen esa música.

Juan calló y me miró, casi suplicante. Parecía anhelar mi aprobación, la aprobación de su perro fiel. ¿Se sentía, después de todo, culpable? Me parece que no. Creo que su deseo de convencerme estaba inspirado por el cariño. Por mi parte, aunque no apruebo la conducta de Juan, tampoco la condeno. Hay algo en ese incidente que no puedo entender, pero siento que Juan debía de tener razón.

Volvamos a nuestra historia. En Bombay, Juan y Lo estudiaron durante un tiempo el hindú y el tibetano. Al fin partieron en el avión. (Ng-Gunko se quedó en el Skid para cuidar de Sambo y su pie herido). Lo, disfrazada de muchachito nepalés, bajó en una montaña de la India, donde, según se esperaba, podría investigar la presencia de un supernormal. Juan continuó su vuelo hasta el Tíbet para reunirse con un joven monje budista.

En la breve carta que describía la expedición al Tíbet, Juan se refirió apenas al viaje en sí, aunque el vuelo sobre el Himalaya debió de haber sido una tarea agotadora, aun para un superhombre en un superavión. Decía la carta: «La máquina soportó espléndidamente el vuelo y luego un golpe de viento la devolvió a la India. Se me cayó el termo. Al volver, lo vi en la ladera, pero allí lo dejé».

Guiado por el monje, Juan encontró fácilmente el monasterio. Langatse tenía cuarenta años, aunque físicamente apenas había pasado de la juventud. Era ciego de nacimiento. A causa de esta ceguera había desarrollado sus facultades telepáticas mucho más que Juan. Veía telepáticamente por los ojos de otros. Para leer, por ejemplo, le bastaba que alguien mirase una página. Como podía utilizar a la vez varios pares de ojos, y ver un objeto desde distintos y simultáneos puntos de vista, sus imágenes mentales eran realmente insólitas. Como decía Juan, asía las cosas visualmente.

Juan había pensado que Langatse se uniría al grupo, pero el tibetano no era, en este sentido, muy distinto de Adlan. Se interesó en la aventura y alentó al muchacho, pero nada más. La fundación de un nuevo mundo, aunque alguien debía realizarla, no era para él asunto urgente. No quería abandonar tampoco su actividad espiritual. Consintió, sin embargo, de buena gana, en convertirse en consejero de la colonia telepática y otras actividades supernormales. Hubiera preferido, sin embargo, que Juan se quedase en el Tíbet, y compartiese sus difíciles y exaltados ejercicios.

Juan permaneció una semana en el monasterio. Mientras volvía recibió un mensaje de Langatse. Había decidido ayudar a Juan, buscando y preparando jóvenes supernormales. Lo, por su parte, comunicó que había descubierto a dos hermanas más jóvenes que ella. Se unirían a la expedición, pero más tarde. La mayor estaba enferma, y la menor era todavía una niña.

El Skid partió otra vez. En Cantón, Juan encontró a Shen Kuo, joven chino con quien ya se había comunicado. Shen Kuo se dirigió enseguida al interior del continente en busca de otros cuatro jóvenes descubiertos por Langatse en la remota provincia oriental de Sze Chwan. Desde allí los cinco viajarían al Tíbet, al monasterio de Langatse. Allí pasarían un tiempo preparándose para la nueva vida. Langatse informó que había hallado a otros cuatro tibetanos y que éstos se educarían también en el monasterio.

Más tarde el mismo Langatse descubrió otra adepta: una jovencita chino- americana de San Francisco, llamada Washingtonia Jong. El Skid cruzó el Pacífico, y la joven se convirtió sin más en un nuevo tripulante. La conocí mucho después, pero puedo decir que «Washy», como la llamaban, me pareció a primera vista una muchacha común, una simpática flapper norteamericana de ojos rasgados y cabello negro. Descubrí más tarde que era algo más.

Era necesario ahora descubrir una isla. Debía ser de clima templado, con suelo fértil y pesca abundante, y estar alejada de todas las rutas. Este último requisito era importante. Como un día, tarde o temprano, alguien visitaría la isla, Juan ideó ciertas medidas para impedir que los barcos se acercaran o evitar que los viajeros hablasen luego de la colonia. Me referiré más adelante a estas medidas.

El Skid cruzó el ecuador e inició la exploración sistemática de los mares del Sur. Al cabo de algunas semanas, descubrió una isla conveniente, aunque diminuta. Estaba situada en el interior del ángulo formado por las rutas que, partiendo de Nueva Zelanda, se dirigen respectivamente a Panamá y al cabo de Hornos. Este descubrimiento fue realmente afortunado, casi providencial, pues la isla no figuraba en ningún mapa, y parecía haber surgido a la superficie en los últimos veinte años. No había en ella animales mamíferos ni reptiles, y la vegetación era aún escasa y uniforme. Sin embargo, la isla estaba habitada. Un pequeño grupo de indígenas vivía allí de la pesca. De su hogar original habían traído plantas y árboles.

Nada supe de estos indígenas hasta que, mucho más tarde, visité la colonia.

—Eran criaturas sencillas y atractivas —me dijo Juan—, pero por supuesto, no podíamos permitir que nos molestaran. Hubiésemos podido, quizá, destruir sus recuerdos de la isla y nosotros, y luego trasladarlos. Pero nuestra técnica para provocar el olvido era aún, a pesar de las enseñanzas de Langatse, muy imperfecta. Además, ¿dónde podíamos dejar a los nativos sin despertar la curiosidad de la gente? Si se quedaban en la isla, por otra parte, estorbarían nuestra obra, y les causaríamos un enorme daño espiritual. Decidimos, por lo tanto, destruirlos mediante cierta técnica hipnótica (o magia, si prefieres) que en aquellas mentes religiosas no podía fracasar. Los nativos nos habían recibido con una fiesta, a la que siguieron algunas danzas rituales. Cuando la excitación llegó a su clímax, Lo bailó para ellos. Y luego les dije, en su propio idioma, que éramos dioses, que necesitábamos la isla, y que debían levantar una pira funeraria, acostarse en ella, y morir contentos y felices. Así lo hicieron; hombres, mujeres y niños.

No puedo defender esta acción. Pero señalaré que, si los invasores hubiesen pertenecido a la especie normal, habrían bautizado sin duda a los nativos, distribuyendo entre ellos libros devotos, ropas europeas, ron y un sinnúmero de enfermedades. Y luego de haberlos esclavizado económicamente, habrían aplastado sus espíritus exhibiendo la superioridad trivial del hombre blanco. Por fin, cuando todos hubiesen muerto a causa del desaliento o la bebida, habrían llorado sobre sus tumbas.

Quizás la única defensa de este asesinato psicológico cometido por los supernormales sea la siguiente: decididos a adueñarse de la isla, no eludieron las consecuencias de esa decisión. Cumplieron su tarea del modo más limpio posible. No juzgaré aquí si el fin que tan despiadadamente persiguieron justificaba los medios. Aunque pienso que el crimen nunca puede justificarse, por elevados que sean los fines. Si ese crimen hubiese sido perpetrado por miembros de mi propia especie, tal acción habría merecido mi más firme condena. Pero no seré yo quien juzgue a seres que me demostraron diariamente que no sólo poseían una mayor inteligencia que la mía, sino también una mayor comprensión moral.

Una vez que Juan, Lo, Ng-Gunko, Washingtonia y el niño Sambo tomaron posesión de la isla, pasaron allí algunas semanas descansando del viaje, preparando la instalación de la colonia, y comunicándose con Langatse y los supernormales a su cargo. Cuando estos asiáticos estuviesen preparados, viajarían a alguna isla de la Polinesia, donde los recogería él Skid. Mientras tanto, el barco iría a Inglaterra, pasando por el estrecho de Magallanes, para traer a la isla algunos materiales y el resto de los supernormales europeos.

19

SE FUNDA LA COLONIA

El Skid llegó a Inglaterra —sin aviso previo— tres semanas antes de la fecha en que debía casarme. Berta y yo habíamos salido de compras, y pasamos por mi casa para dejar algunos paquetes. Entramos en la sala, y allí estaban los tripulantes del Skid, cómodamente instalados, comiendo mis manzanas y unos bombones que yo tenía reservados para Berta. Durante un momento no supimos qué decir. Sentí que Berta me apretaba el brazo. Juan, estirado en un sillón junto al fuego, comía una manzana. Lo, tirada en la alfombra de la chimenea, hojeaba el New Statesman. Ng- Gunko, en otro sillón, masticaba bombones y se inclinaba sobre

Sambo. Creo que ayudaba a la criatura a ajustarse las gruesas ropas sin las cuales no hubiera sobrevivido en el clima inglés. Sambo, de cabeza y vientre enormes, con miembros que parecían ramitas, me miró inquisitivamente. Washingtonia, a quien yo no conocía, me pareció, al lado de aquellos monstruos, notablemente vulgar.

Juan se había levantado y nos decía, con la boca llena:

—Hola, viejo Fido. Hola, Berta. Me vas a odiar, Berta, pero necesitaré a Fido durante algunas semanas. Tengo que comprar varias cosas.

—Pero si estamos a punto de casarnos —protesté.

—Maldita sea —contestó Juan.

Y enseguida, sorprendido de mí mismo, aseguré a Juan que, por supuesto, podríamos demorar el casamiento un par de meses.

—Por supuesto —murmuró Berta desplomándose en un sillón.

—Muy bien —dijo Juan alegremente—. Después de este asunto, no os molestaré más. —Sentí, inesperadamente, que me apretujaban el corazón.

Las semanas siguientes transcurrieron en un remolino de actividades prácticas. Era necesario reacondicionar el Skid y preparar el avión. Las herramientas, maquinarias, implementos eléctricos y otros materiales se mandarían a Valparaíso. Desde las selvas sudamericanas había que enviar madera al mismo puerto. Los víveres saldrían de Inglaterra. De todo esto debía encargarme yo, bajo la dirección de Juan. Él mismo preparó una lista de libros que yo tenía que conseguir. Había docenas de obras técnicas sobre temas biológicos, agricultura tropical, y otros asuntos. Abundaban también los libros de música teórica, astronomía y filosofía y las obras puramente literarias —curiosamente seleccionadas— en varios idiomas. La búsqueda de unas cuantas docenas de escritos asiáticos relacionados con el ocultismo me llevó mucho tiempo.

Poco antes de la fecha de partida, llegaron los miembros europeos. Juan mismo fue a buscar a Jelli, una niña húngara que decía tener diecisiete años. No era una belleza. Las regiones occipital y frontal del cráneo se habían desarrollado de un modo repulsivo. La parte posterior caía sobre la nuca y la frente se adelantaba más allá de la nariz, que era rudimentaria. De perfil, la cabeza parecía un mazo de croquet. La niña tenía, además, labio leporino y piernas cortas y torcidas. Parecía una cretina y, sin embargo, su inteligencia y temperamento eran supernormales, y su vista, hipersensible. No sólo distinguía dos colores primarios en lo que llamamos azul, sino que veía también el infrarrojo. Además de poseer esta sensibilidad para el color, percibía las formas con notable agudeza. La causa residía sin duda en la estructura de su retina. Podía leer un periódico a veinte metros de distancia, y le bastaba un golpe de vista para saber si una moneda era o no perfectamente circular. Echaba un vistazo a las piezas mezcladas de un rompecabezas, y reconstruía rápidamente la figura. Esta sorprendente habilidad la molestaba a menudo, pues los objetos fabricados por el hombre le parecían siempre imperfectos. En cuanto al arte, se sentía atormentada no sólo por la inadecuada ejecución sino también por la crudeza de las concepciones.

Polo opuesto de Jelli era la francesita Marianne Laffon, más bien bonita, de ojos negros y piel de aceituna. Enciclopedia andante de la cultura francesa, citaba de memoria cualquier pasaje de cualquier clásico, y ponía agudamente al desnudo el pensamiento del autor.

Había también una muchacha sueca, Sigrid, a quien Juan llamaba la peinadora de mentes. Tenía el don de acabar con las confusiones del espíritu. Había sufrido de tuberculosis, y se había curado merced a una especie de inmunización mental; pero conservaba la alegría de los tísicos. Frágil, de ojos grandes, unía a su inteligencia y simpatía una ternura maternal ante la fuerza bruta. La brutalidad la emocionaba «como si fuese un niño travieso».

Varios jóvenes supernormales fueron uniéndose a la tripulación del Skid. La casa de los Wainwright se convirtió en esos días en un manicomio. Conocí allí a Kemi, el finlandés, una especie de Juan más joven; al turco Shahin, algo mayor que Juan, pero fiel y feliz subordinado, y al caucasiano Kargis.

Desde un punto de vista normal, Shahin era el más atractivo. Parecía un bailarín ruso, y era en su trato de una dulzura que unos interpretaban como encantadora frivolidad y otros como sublime indiferencia. Kargis, no mucho menor que Juan, llegó casi loco.

Había hecho un penoso viaje en un buque de carga y su mente inestable no había soportado el esfuerzo.

Pertenecía en apariencia al tipo de Juan, pero era más moreno y menos vigoroso. Este curioso joven me resultaba incomprensible. Pasaba rápidamente de la excitación al letargo, de la pasión a la frialdad. Estas fluctuaciones no obedecían a ritmos fisiológicos, sino a acontecimientos externos que yo no alcanzaba a percibir. Cuando pregunté qué acontecimientos eran, Lo, tratando de ayudarme, me explicó:

—Como Sigrid, estima profundamente el valor de la personalidad, pero de muy distinto modo. Sigrid ama a la gente, le causan gracia, las ayuda, las cura. Para Kargis, en cambio, toda persona es una obra de arte, con una calidad y un estilo peculiares, o una forma ideal que la vida materializa, con mayor o menor perfección. Y cuando una persona no es fiel a su estilo, o su forma ideal, Kargis sufre atrozmente.

Los diez jóvenes y el niño se hicieron a la vela en el Skid en agosto de 1928.

Juan no dejó de escribirnos. Como luego explicaré, el Skid, y a veces el avión, hacían frecuentes viajes a las islas o a Valparaíso. De este modo Juan podía enviarnos sus cartas. Supimos así que el viaje no había tenido inconvenientes; que pararon en Valparaíso para cargar la mayor cantidad posible de provisiones; que el Skid, gobernado por Ng-Gunko, Kemi y Marianne, volvió varias veces a ese puerto.

Los miembros asiáticos ya habían llegado a la isla y «se adaptaban magníficamente». Un huracán había asolado la isla, destruyendo algunos edificios, golpeando el Skid contra la costa e hiriendo a un joven tibetano. La colonia disponía ya de frutales y hortalizas, y seis canoas para pescar. Se creyó que Kargis, gravemente afectado por una enfermedad digestiva, iba a morir, pero curó. Los restos de una tortuga de las Galápagos habían aparecido en la playa después de sabe Dios qué viaje. Sigrid había domesticado un albatros que robaba el desayuno. La colonia había sufrido su primera tragedia: un tiburón había sorprendido a Yang Chung, y Kemi, que había intentado rescatarlo, estaba gravemente herido. Sambo se pasaba las horas leyendo, aunque todavía no sabía sentarse. Habían fabricado flautas como la de Jaime Jones, pero para manos de cinco dedos. Tsomotre (uno de los tibetanos) y Shahin componían una música maravillosa. Lo había operado con éxito a Jelli de apendicitis aguda, y, después de trabajar duramente en ciertos experimentos de embriología, había vuelto a caer en una de sus terribles pesadillas. Marianne y Shen Kuo vivían ahora en un lugar solitario de la isla, porque «deseaban estar solos un tiempo». Washy, que odiaba a Lankor (una muchacha tibetana) por haberle robado el corazón de Shahin, había querido matarla y suicidarse luego. Sigrid, a pesar de su paciencia, no podía curar a Washy y parecía agotada. La influencia telepática de Langatse curaba desde lejos a las dos jóvenes. El edificio de la biblioteca había sido concluido, e iniciaban la construcción del observatorio. Tsomotre y Lankor, evidentemente los telépatas más expertos, comunicaban diariamente a la colonia las noticias del mundo. Los más adelantados, se ejercitaban mentalmente bajo la dirección de Langatse. Un grave temblor de tierra había hundido la isla medio metro, y se habían visto obligados a fortalecer los muelles. El Skid estaba preparado para un éxodo de emergencia.

Los meses se convirtieron en años, y las cartas de Juan se hicieron más breves y menos frecuentes. Vivía absorbido por los asuntos de la colonia. Sus miembros, por otra parte, se dedicaban cada vez más a actividades supernormales, y a Juan le resultaba difícil darnos un informe inteligible.

En el verano de 1932 recibí, sin embargo, una larga carta de Juan. Me pedía que fuese a la isla lo antes posible. Reproduzco el pasaje más importante:

Te reirás de mi pedido. Quiero que utilices aquí tus talentos de periodista. Podrás escribir por fin esa biografía con que me has amenazado. No para nosotros, sino para tu propia especie. Seré más explícito. Hemos comenzado bien. Hubo algunas dificultades, pero nuestra vida es ahora satisfactoria. En las actividades prácticas no encontramos ya obstáculos mayores, y podemos aspirar a un plano superior de experiencia. Somos muy distintos de lo que éramos al llegar. Hemos visto muy lejos, muy hondo, y el sentido de nuestra tarea se nos ha revelado claramente. No obstante, ciertos signos indican que antes de algunos meses la colonia será destruida. Si tu especie nos descubre, tratará de aniquilarnos. Y no estamos, todavía, preparados para luchar. Langatse nos urge, con razón, a apresurar la parte espiritual de nuestra obra, y completarla, si es posible, antes del fin. De cualquier modo, conviene que se registre esta aventura, como ejemplo para los futuros supernormales y los individuos más sensibles de tu especie. Langatse se ocupará de los primeros; en lo que concierne al Homo Sapiens sólo exige poderes comunes, y podrás realizarlo con facilidad.

Yo era por ese entonces un periodista libre, de cierto porvenir. Me había casado y Berta esperaba un hijo. Sin embargo, acepté inmediatamente. Esa misma tarde averigüé qué barcos salían para Valparaíso y le escribí a Juan a esa ciudad, diciéndole cuándo debía esperarme.

Culpablemente, le di la noticia a Berta. Fue un golpe, pero dijo:

—Por supuesto, si Juan te necesita debes ir.

Luego fui a la casa de los Wainwright. Pax me asombró. No bien le hablé de la carta, me interrumpió diciéndome:

—Ya lo sé. Durante estos últimos tiempos, Juan se comunicó conmigo. Me dijo que te llamaría.

20

LA COLONIA

A mi llegada a Valparaíso me esperaba el Skid, tripulado por Ng-Gunko y Kemi. Ambos habían cambiado notablemente. Los sucesos de esos últimos cuatro años habían apresurado el desarrollo —comúnmente lento— de la especie. Ng-Gunko sobre todo, que contaba ahora dieciséis años, y aparentaba doce, tenía una gracia y una seriedad que nunca hubiera esperado en él. Los dos parecían tener prisa por hacerse a la mar. Les pregunté si los esperaba algo urgente en la colonia.

—No —me contestó Ng-Gunko—, pero quizá no nos quede un año de vida, y amamos la isla y a nuestros amigos. Anhelamos volver a casa.

Embarcamos mi equipaje y unos cajones de libros, y partimos hacia el oeste. Era un día caluroso. Ng-Gunko y Kemi se quitaron enseguida las ropas. La piel de Kemi, tostada por el sol, tenía el color de las maderas del barco.

A unos sesenta kilómetros de la isla, Kemi, que estaba en el timón, miró el compás magnético y el compás giroscópico, y comentó:

—Están usando el desviador. O sea que un barco se ha acercado demasiado.

Me explicó que un aparato instalado en la isla desviaba el compás magnético de las naves en un radio de ochenta kilómetros. Lo habían usado tres veces.

Por fin vimos la isla, una diminuta joroba sobre el horizonte que se convirtió, al acercarnos, en una montaña de dos picos. No vi señales de construcciones. La ubicación de los edificios —me explicó Ng-Gunko— impedía que fuesen vistos desde el mar. Al entrar en el puerto, pude ver un techo entre los árboles, y minutos después apareció ante mí toda la colonia. Eran veinte edificios de madera y uno más grande de piedra, construido detrás de los otros, en la falda de la montaña. La mayoría de las casas de madera, me dijeron, eran residencias privadas. El edificio de piedra servía de biblioteca y sala de reunión. La fábrica de energía —también de piedra— se alzaba junto al muelle. Algo más lejos estaban los laboratorios: una serie de casillas de madera.

Había poco calado y el Skid amarró en el más bajo de los tres muelles. Los colonos nos esperaban. Eran un grupo de jóvenes de uno y otro sexo, desnudos, de piel tostada y muy diversa apariencia. Juan saltó a bordo para saludarme. Me quedé mudo. Se había convertido en un joven deslumbrante, al menos para mis ojos fieles. Poseía una firmeza y una dignidad nuevas. Su rostro, tostado por el sol, era duro y terso como una avellana. El cuerpo parecía un roble tallado y lustrado. El cabello era de un blanco enceguecedor. Había en el grupo varias caras nuevas, las de los chinos, tibetanos e hindúes.

Al ver a todos los supernormales reunidos, me llamó la atención una semejanza china o mongólica entre ellos. Habían venido de países diversos, pero tenían un aire de familia. Quizás Juan estaba en lo cierto al pensar que provenían de un tronco común muy antiguo, probablemente del Asia central. De esa mutación original, o de varias mutaciones análogas, habrían nacido sucesivas generaciones que mezcladas con el Homo Sapiens, produjeron de cuando en cuando individuos realmente superiores. Supe posteriormente que las investigaciones de Shen-Kuo habían confirmado esta teoría.

Mi vida en la colonia me inspiraba algún temor. Pensaba que me sentiría de más, perdido como un perro en una reunión de intelectuales. Pero la recepción me animó. Los más jóvenes, despreocupados y alegres, me recibieron como a un tío cuya habilidad especial es hacerse el tonto. Los mayores fueron más reservados, pero amables.

Se me asignó como residencia una casa rodeada por una veranda.

—Quizás prefieras sacar la cama afuera —me dijo Juan—. No hay mosquitos. — Advertí que la casa había sido construida con la precisión de una obra de ebanistería. Los muebles eran sólidos y simples. En una de las paredes del saloncito, un panel tallado representaba, en estilo abstracto, una joven y un muchacho (del tipo supernormal) en una canoa. En el dormitorio se veía otro panel, mucho más abstracto, que sugería vagamente un sueño. Las sábanas y colchas eran de un material tosco y desconocido. Me sorprendió ver luz y estufas eléctricas. Detrás del dormitorio había un diminuto cuarto de baño con grifos de agua fría y caliente. Me dijeron que abundaba el agua fresca, destilada del mar y subproducto de la planta de energía psicofísica.

Mirando el reloj eléctrico adosado a la pared, Juan dijo:

—Servirán la comida dentro de pocos minutos. El comedor es ese edificio largo. Señaló una casa baja, entre los árboles. Frente a ella se extendía una terraza con mesas.

Nunca olvidaré mi primera comida en la isla. Me senté entre Juan y Lo. En la mesa se amontonaban los comestibles raros, especialmente frutos tropicales y subtropicales, pescado y algo parecido al pan; todo servido en cuencos de conchilla o madera. Marianne y las dos muchachas chinas parecían las encargadas de la comida. Entraban en la cocina y salían de ella trayendo nuevas fuentes.

Miré las delgadas y desnudas figuras. Había pieles de muy distinta tonalidad, desde el negro africano de Ng-Gunko al tostado claro de Sigrid. Sentadas alrededor de la mesa, comían con voracidad de escolares. Me sentí como en una isla habitada por duendes. Esta impresión se debía principalmente a las enormes cabezas, los ojos como lupas y las manos desproporcionadamente grandes. Era aquélla, ciertamente, una colección de jóvenes monstruos. Pero había uno o dos más monstruosos que los demás. Jelli, por ejemplo, con la cabeza de martillo y el labio leporino; Ng-Gunko, de mota roja y ojos discrepantes; Tsomotre, el muchacho tibetano, de cabeza insertada directamente en los hombros, sin cuello. Y por último Hwan-Te, un joven chino, con manos más grandes que sus compañeros, y un útil pulgar extra.

Desde la muerte de Yang Chung el grupo contaba con once hombres (incluyendo a Sambo) y diez mujeres. La mujer más joven era la niña india. De estos veintiún individuos, tres muchachos y una joven eran tibetanos; dos muchachos y dos muchachas chinos, y dos muchachas hindúes. Todos los demás procedían de Europa, excepto Washingtonia Jong. Descubrí que entre los asiáticos los más notables eran Tsomotre, el joven sin cuello, experto en telepatía, y Shen-Kuo, muchacho chino de la edad de Juan, investigador del pasado. Este joven, delicado y amable, a quien, observé, se le preparaban comidas especiales, era considerado, en cierto sentido, el más «despierto» de la colonia. De él me dijo una vez Juan, con una sonrisa:

—Es una reencarnación de Adlan.

El primer día, Juan me llevó a conocer la colonia. Visitamos ante todo la fábrica del muelle. Fuera del edificio pataleaba el niño Sambo, acostado en una alfombra. Curiosamente, parecía haber cambiado menos que los otros. Las piernas, aún demasiado débiles, no lo sostenían. Al pasar llamó a Juan:

—¡Eh! Quisiera conversar contigo. Tengo un problema. Juan contestó sin detenerse:

—Lo siento, estoy muy ocupado.

Dentro del edificio encontramos a Ng-Gunko, cubierto de sudor, y echando arena o quizás barro seco en una especie de horno.

—Qué conveniente —dije riendo— poder quemar barro.

Ng-Gunko se detuvo, sonrió, y se limpió la frente con el dorso de la mano.

—El elemento que usamos ahora —explicó Juan— se desintegra fácilmente, pero escasea. Por supuesto, si desintegráramos todo este material, volaríamos la isla. Pero sólo utilizamos una millonésima parte del material bruto. En el horno se obtiene una especie de ceniza, que luego refinamos y guardamos en este recipiente hermético.

Me llevó a la otra habitación, y me mostró un aparato pequeño y sólido.

—El verdadero proceso se realiza aquí —me dijo Juan—. Ng-Gunko introduce en el aparato una pizca de material y lo «hipnotiza». Los átomos no «existen» entonces, no pueden actuar materialmente. Luego Ng-Gunko los despierta, y la energía producida mueve las dinamos.

Pasamos a un cuarto abarrotado de máquinas: cilindros, ruedas, pistones, vástagos y cuadrantes. Más lejos se veían tres grandes dinamos, y el aparato que destilaba el agua de mar.

Pasamos luego al laboratorio, una sucesión de edificios de madera, bastante apartados de la colonia. Lo y Hwan Te examinaban aquel día, con unos microscopios, un insecto que atacaba el maíz. El lugar se parecía bastante a un laboratorio común, con sus frascos, tubos de ensayo, retortas, etc. Se estudiaba allí física y biología, pero principalmente esta última. En una pared había un inmenso armario, o una serie de armarios pequeños que se utilizaban como incubadoras. Más tarde me hablaron de estos trabajos.

La biblioteca y sala de reuniones era un edificio hermoso y sólido, pero pequeño. Casi todos los libros se amontonaban aún en unas construcciones de madera. Pero en los estantes estaban ya los de mayor importancia. Cuando entramos, vimos a Jelli, Shen Kuo y Shahin, rodeados por pilas de volúmenes. La sala de reuniones ocupaba una pequeña parte del edificio. En los paneles de los muros, de maderas raras, se veían grabados muy estilizados. Algunos me intrigaban y repelían, otros me dejaban indiferente. Los primeros, me dijo Juan, habían sido hechos por Kargis; los últimos por Jelli. Las creaciones de Jelli eran para mí incomprensibles, pero advertí que Juan las apreciaba. Vi, además, sorprendido, que Lankor, la muchacha del Tíbet, de pie, inmóvil, con labios temblorosos, observaba fijamente un grabado. Juan me dijo bajando la voz:

—Lankor está muy lejos. No debemos interrumpirla.

Salimos del edificio y atravesamos una huerta donde trabajaban algunos jóvenes. Cruzamos luego el valle que separaba las dos montañas. Vi allí plantaciones de maíz, naranjos enanos y pomelos. La vegetación de la isla era tropical o subtropical. Los pioneros nativos habían introducido árboles valiosos como el ubicuo y el cocotero, el árbol del pan, el mango y la guayaba. En un comienzo, a causa del aire salino, sólo habían prosperado los cocoteros, pero los supernormales utilizaban ahora una fumigación que contrarrestaba los efectos de la sal. Dejamos el valle por un sendero que corría entre plantas aromáticas, y llegamos a una colina rocosa, cubierta en algunas partes de limo suboceánico. Aquí y allá, alguna semilla traída por el viento había germinado creando un islote de verdura. En un contrafuerte de la montaña, Juan me mostró «la mayor atracción turística de la isla». Era la quilla de un velero, que se había hundido mucho antes que la isla emergiese del fondo del Pacífico. Un cráneo y unos trozos de loza se habían incrustado en la madera.

Llegamos a la cima de la montaña y al inconcluso observatorio. Las paredes tenían una altura de unos pocos centímetros y la obra parecía abandonada. A mi pregunta, Juan contestó:

—Cuando supimos que nos quedaba poco tiempo, dejamos esto y nos dedicamos a tareas más cortas. Ya hablaremos del asunto.

Paso ahora a la parte de mi narración que debería ser más minuciosa y fiel. Una y otra vez esbocé un informe antropológico y psicológico sobre la colonia. Pero luego de varios y repetidos fracasos he comprendido que esta tarea está fuera de mi alcance.

Sólo puedo ofrecer unas pocas observaciones incoherentes. Diré, por ejemplo, que había algo incomprensible, «inhumano», en la vida emocional de los isleños. En las situaciones comunes, podían mostrar la exuberancia de Ng-Gunko, la susceptibilidad de Kargis o la calma de Lo, pero sus emociones parecían normales. Sin duda, aun en las reacciones más sinceras, había siempre una curiosa auto observación, una fruición desinteresada desconocidas para el Homo Sapiens. Pero en las situaciones graves e insólitas, y particularmente en las catástrofes, el abismo que los separaba de nosotros parecía ahondarse todavía más. Un incidente servirá de ejemplo.

Poco después de mi llegada, Hsi Mei, la muchacha china a quien llamaban comúnmente May, sufrió una especie de ataque, con desastrosas consecuencias. Su naturaleza supernormal, aunque muy desarrollada, era aparentemente precaria. La causa del ataque fue, sin duda, una súbita vuelta a la normalidad, a una normalidad desnaturalizada y salvaje. Un día, pescaba con Shahin que era, desde hacía un tiempo, su compañero. Había estado muy rara toda la mañana. De pronto se arrojó sobre él, y comenzó a atacarlo con uñas y dientes. El bote se dio vuelta, y el inevitable tiburón mordió la pierna de la joven. Afortunadamente, Shahin llevaba consigo un cuchillo que usaba para el pescado. Con él atacó al tiburón. Luego de una lucha encarnizada, el animal soltó su presa y huyó. Shahin, malherido y exhausto, llevó a May a la costa con gran dificultad. Las tres semanas siguientes, cuidó a la enferma noche y día, sin permitir que nadie lo ayudase. Con la pierna casi cortada y su alteración mental, el estado de May era desesperado. A veces parecía reaparecer su verdadero yo, pero más a menudo yacía inconsciente, o deliraba. A Shahin le costó mucho trabajo evitar que lo hiriera o se hiriera. Cuando al fin la muchacha pareció recobrarse, Shahin lloró de alegría. Pero muy pronto May empezó a empeorar. Una mañana, cuando le llevaba el desayuno a la casita, el joven me saludó con una expresión grave, pero plácida, y me dijo:

—Tiene el alma destrozada. Nunca mejorará. Esta mañana me conocía, y buscó mi mano, pero no es la de antes. Tiene miedo. Y muy pronto dejará de conocerme. Esperaré a que se duerma y hoy mismo la mataré.

Horrorizado, corrí a buscar a Juan. Cuando se lo conté, suspiró y dijo:

—Shahin sabe lo que hace.

Esa tarde, en presencia de toda la colonia, Shahin llevó el cadáver de Hsi Mei hasta una roca, a orillas del mar. La depositó allí, dulcemente; la miró un momento con tristeza, y se unió a sus compañeros. Enseguida, Juan desintegró mentalmente algunos átomos del cadáver, y la energía liberada consumió el cuerpo con una enceguecedora conflagración. Shahin se pasó la mano por la frente, y bajó con Kemi y Sigrid a las canoas. Pasó el resto del día remendando redes, hablando con alegría de May, y hasta riéndose de su desesperada batalla con los poderes de las tinieblas.

Me dije a mí mismo: «Ésta es una isla de monstruos».

¿Y cómo describiré mi impresión, oscura y vívida a la vez, de que en la isla se sucedían continuamente, aunque yo no los viese, acontecimientos extraños e importantes? Me pareció estar jugando al gallo ciego con espíritus invisibles. Mi cerebro percibía aquel mundo de luz y los movimientos de los jóvenes; pero mi mente llevaba una venda. Mis sentidos, en fin, sólo captaban oscuros indicios de sucesos incomprensibles.

Uno de los rasgos más desconcertantes de la vida de la isla era que la mayor parte de las conversaciones se desarrollaba telepáticamente. El lenguaje oral, me parece, estaba atrofiándose. Los miembros más jóvenes lo usaban todavía con cierta frecuencia y aun los mayores se permitían esa concesión, como quien prefiere caminar a tomar un autobús. Pero el valor de ese lenguaje era para los isleños principalmente estético. No sólo se dedicaban poemas, con tanta frecuencia como los japoneses cultos. Conversaban también en metros, ritmos y asonancias sutiles. El lenguaje oral se usaba asimismo, deliberada o inadvertidamente, para expresar estados emotivos. Nuestra civilización persistía en la isla en interjecciones tales como «maldita sea» y otras que no es posible imprimir. El habla desempeñaba, además, un papel importante en el mundo de las relaciones. Era a menudo el vehículo expresivo de la rivalidad, la amistad y el amor. Pero aún en este dominio los sentimientos más delicados dependían de la telepatía. La palabra hablada servía sólo de acompañamiento al tema real. La discusión seria era telepática y silenciosa. A veces, no obstante, las emociones se traducían en un comentario espontáneo, pero grosero, al discurso telepático. En estas ocasiones la actividad vocal era confusa y fragmentaria, como las palabras de un hombre dormido. A mí, que no podía entrar en la conversación telepática, estos gruñidos me asustaban. Al principio, me estremecía de pies a cabeza cuando un silencioso grupo de isleños se echaba de pronto a reír, aparentemente sin motivo, aunque en realidad en respuesta a una broma telepática. Con el tiempo llegué a aceptar estas rarezas sin sacudimientos nerviosos.

Pero en la isla ocurrían acontecimientos mucho más extraños. Por ejemplo, una noche, tres días después de mi llegada, los colonos se reunieron en el salón. Juan explicó que esas reuniones se realizaban cada doce días «para estudiar las relaciones del grupo con el universo». Me pidieron que fuera a la reunión, pero si me aburría podía retirarme.

Todos se sentaron en sillas de madera, a lo largo de las paredes. Reinaba el silencio. Yo había asistido a algunas reuniones cuáqueras y en un principio no me sentí incómodo. De pronto, una terrible inmovilidad se apoderó del grupo. No sólo cesaron los gestos, sino también esos movimientos casi imperceptibles que indican la presencia de la vida. Me pareció estar en una sala de estatuas. Había en aquellas caras una expresión concentrada e intensa, pero serena, y nada solemne. Y enseguida, todos los ojos se volvieron hacia mí. Tuve miedo, de veras, aunque inmediatamente una sonrisa recorrió aquellos rostros abstraídos. Es difícil describir lo que ocurrió entonces. Sentí en mi interior la presencia de esos seres supernormales, la sensación vaga, pero continua de una joven majestad. Luché desesperadamente por alzarme hasta ellos, y caí otra vez destrozado, en mi pequeño yo, con el bienestar de quien se duerme luego de un trabajo fatigoso, pero sintiendo también la soledad de un exiliado.

Los ojos dejaron de mirarme. Las jóvenes mentes aladas habían emprendido vuelo y se perdían en la distancia.

Luego Tsomotre, el tibetano sin cuello, fue en busca de una especie de clavecín. Comenzó a tocar. Su música me desagradaba indescriptiblemente. Hubiera gritado de disgusto, o aullado como un perro. Cuando terminó, un murmullo involuntario de aprobación recorrió la sala.

Shahin dejó su silla y miró interrogativamente a Lo. La muchacha vaciló un instante y se puso de pie. Tsomotre volvió a tocar. Lo, mientras tanto, abría un arcón y sacaba un vestido. Era sólo una amplia y ondulante seda rayada, de varios colores. Se envolvió en la tela. La música adquirió una forma más definida. Lo y Shahin se deslizaron sobre el piso con movimientos graves y solemnes. De pronto la danza se transformó en un vendaval apasionado. La seda giraba y flotaba alrededor de Lo, revelando sus delgados miembros o se recogía sugiriendo desdén y orgullo. Shahin saltaba alrededor de Lo, se acercaba a ella, era rechazado, aceptado y rechazado otra vez. De cuando en cuando el baile simulaba una ceremonia sexual. Poco después me pareció que los dos amantes, unidos y abrazados, eran devorados por un torbellino. Alzaban y bajaban la cabeza con expresiones de horror y exaltación, o se miraban triunfalmente. Parecían apartar de sí a algún asaltante invisible, cada vez con menos fuerza, hasta que al fin cayeron al suelo. Pasaron unos instantes y los jóvenes volvieron a incorporarse, y ejecutaron una danza de marionetas. No comprendí su sentido. Luego la música y la danza se detuvieron. Al regresar a su silla Lo miró a Juan con ojos inquisitivos y burlones.

Más tarde, cuando mostré a Lo mi descripción de ese baile, la muchacha me dijo:

—No advertiste lo más importante. Has hecho de la danza una historia de amor. Lo que dices aquí es cierto, pero falso a la vez.

Luego de la danza, el grupo volvió al silencio y la inmovilidad. Minutos más tarde salí a dar un paseo. Cuando volví, la atmósfera parecía distinta. Nadie advirtió mi entrada. Aquellas caras jóvenes que contemplaban el vacío con adusta gravedad, me parecieron misteriosas e incomprensibles. Sambo, sobre todo, me conmovió. Sentado en su silla, demasiado grande para él, parecía un muñeco negro. Las lágrimas le corrían por la cara, pero su boca era dura, orgullosa y vieja. Después de algunos minutos, huí del edificio.

A la mañana siguiente (aunque la reunión había concluido en las primeras horas del alba), la colonia tenía un aspecto normal. Le pedí a Juan que me explicase qué había ocurrido en la reunión. Ante todo, me dijo, habían estudiado sus propios fines. Los jóvenes, especialmente, tenían aún mucho que aprender en ese sentido. Y luego, tanto los jóvenes como los viejos, habían profundizado sus relaciones personales. Esas relaciones que, en la especie normal, se desarrollan siempre por debajo del nivel de la conciencia.

En esas reuniones aprendían, además, a ensanchar el presente, hasta que abarcara horas, y días, y también a estrecharlo, hasta distinguir en un mosquito dos movimientos de ala.

—Exploramos el tiempo —continuó Juan— con la ayuda de Shen Kuo. Adquirimos así una especie de conciencia astronómica. A veces vislumbramos miríadas de mundos, y lejanas estrellas, y nebulosas. Y también nuestra muerte, y otras cosas que no puedo decirte.

La vida en la isla no era sólo esa exaltada actividad colectiva. Los trabajos prácticos tenían también su importancia. Todos los días dos o tres canoas salían de pesca, y la reparación de redes, botes y arpones llevaba mucho tiempo. Se trabajaba además en huertas, jardines y plantaciones de maíz. Hasta hacía poco las construcciones de piedra y madera se habían alzado una tras otra. Pero al descubrir la inminencia del fin, los isleños dejaron esos trabajos, aunque continuando con la carpintería menor. Buena parte de la vajilla era de madera, y el resto de conchilla y calabazas. Las máquinas exigían una atención constante, y lo mismo el Skid. Me sorprendió saber que el Skid había hecho numerosos viajes por la Polinesia, aparentemente para permutar algunas muestras de artesanía por productos nativos, pero, como supe luego, con otro objetivo.

Los trabajos manuales no eran obligatorios. Había asuntos más importantes, como la lectura, y las investigaciones científicas relacionadas con la especie inferior. De todo esto se ocupaban principalmente los jóvenes. Los mayores preferían estudiar los atributos físicos y mentales de su propia especie, y en particular el problema de la reproducción. ¿A qué edad podían concebir las mujeres? ¿Debía practicarse la reproducción ectogenética? ¿Cómo obtener una descendencia que fuera a la vez viable y supernormal? En un principio estos estudios habían tenido un sentido práctico, pero los isleños los continuaron (aun después de vislumbrar el fin) por su interés teórico.

Juan me llevó a un laboratorio donde Lo, Kargis y los dos chinos experimentaban con gametas de moluscos, peces y animales mamíferos, y óvulos y espermatozoides de seres humanos, normales y supernormales. Observé, sorprendido, treinta y ocho embriones, cada uno en una incubadora. Pero la historia de su concepción me sorprendió todavía más. En verdad, sentí horror y una violenta, aunque breve, indignación.

El mayor de estos embriones tenía tres meses. El padre, me informaron, era Shahin, y la madre una nativa del archipiélago de Tuamotu. La infortunada muchacha, llevada con engaños a la isla, había muerto en la mesa de operaciones. Los ejemplares más recientes, sin embargo, se habían obtenido de otro modo. Gracias a la técnica desarrollada por Lo, se podía extraer un óvulo fertilizado sin violencia para la madre. Ésta cedía su tesoro, en su misma isla nativa. Bastaba que cumpliese ciertas instrucciones. La técnica combinaba métodos físicos y psíquicos, y tenía la apariencia de un ritual religioso.

Cinco óvulos más jóvenes habían sido fertilizados fuera de la matriz. Los padres y madres eran en este caso miembros de la colonia. Lo había contribuido con un ejemplar. El padre era Tsomotre.

—Soy demasiado joven para la gestación, pero, ya ves, mis óvulos son aptos para fines experimentales. Me quedé perplejo. En la isla se permitían las relaciones sexuales. ¿Por qué entonces esa fecundación artificial? Delicadamente, le expuse a Lo mi problema.

—Es fácil adivinarlo —respondió Lo con cierta sequedad—. No estoy enamorada de Tsomotre.

Ya que he hablado de esto, será mejor que continúe. Algunos colonos, como Ng- Gunko y Jelli, no habían entrado en la adolescencia; sin embargo, se atraían tanto física como mentalmente. La imaginación precoz suplía por otra parte las deficiencias físicas.

Entre los miembros mayores, las uniones eran más serias. Como la concepción dependía en ellos de la voluntad, no había en esas uniones dificultades de orden práctico. La tensión emocional, en cambio, era muy alta.

Creí entender que entre el amor de estos isleños y el de las personas normales había diferencias sutiles. Los colonos poseían una mayor conciencia del yo y del prójimo, un mayor desinterés. Lo primero creaba, como es natural, una corriente de comprensión, tolerancia y simpatía mutuas. El amor alcanzaba así una gran intensidad. De vez en cuando emociones primitivas amenazaban esta comprensión. El desinterés impedía entonces el desastre. Entre espíritus tan disímiles como Shahin y Lankor abundaban, como es natural, los conflictos. Pero la comprensión y la generosidad transformaban esos conflictos en un estimulo mental. Por otra parte, cuando Shahin abandonó a Washingtonia, la muchacha dominada por instintos primarios, llegó a odiar a su rival. Una emoción de este tipo era, desde el punto de vista supernormal, pura demencia. La joven llegó a temerse a sí misma. Un incidente similar ocurrió cuando Marianne concedió sus favores a Kargis y no a Hwan-Te. Pero el joven chino se curó muy pronto, aparentemente sin ayuda.

Después de un tiempo de promiscuidad las parejas se estabilizaron, gradualmente. Algunas veces habitaban juntos una misma casa, pero más a menudo seguían viviendo en sus residencias anteriores. A pesar de estos «matrimonios» permanentes, había muchas uniones fugaces que no parecían quebrar las relaciones más serias. De este modo, en uno u otro momento, casi todos los hombres habían tenido relaciones con casi todas las mujeres. Esta afirmación podría sugerir una incesante ronda de promiscua actividad sexual. De ningún modo. El acto sexual era un hecho raro, aunque toda la vida de la colonia parecía estar envuelta, podría decirse, por una aureola de erotismo.

Sólo había un joven y una muchacha, me parece, que nunca habían pasado juntos una noche. Ni siquiera se habían besado, a pesar de la amistad e intimidad que había entre ellos. Eran Juan y Lo. Al principio atribuí ese hecho a mera indiferencia sexual. Pero me equivocaba. Cuando le hablé a Juan, con mi habitual torpeza, de esa situación sorprendente, éste me dijo:

—Estoy enamorado de Lo. —Concluí que la joven no se sentía atraída, pero Juan me leyó el pensamiento, y agregó—: No. Es un amor recíproco.

—¿Entonces? —pregunté.

Juan calló y yo insistí. Al fin apartó la mirada como un tímido adolescente. Iba a pedir perdón por mi curiosidad, cuando me dijo:

—Realmente, no lo sé. En todo caso, lo sé a medias. ¿Has notado que no quiere que la toque? Y yo tengo miedo de tocarla. Y a veces me rechaza. Eso duele. Hasta temo comunicarme telepáticamente con ella. Y, sin embargo, la conozco tanto... Por supuesto, somos muy jóvenes, a pesar de nuestras experiencias, y no quisiéramos dar un paso en falso y echarlo todo a perder. Tenemos miedo de empezar. Aún no conocemos de veras el arte de vivir. Probablemente, si viviéramos otros veinte años... pero no.

En ese «no» había tanto dolor que me sentí conmovido. No sabía que Juan podía sentirse turbado por una emoción puramente personal.

Decidí aprovechar la primera oportunidad para interrogar a Lo. Un día, mientras yo pensaba en cómo iniciar la conversación, la muchacha descubrió telepáticamente mis intenciones, y dijo:

—Sobre Juan y yo... Sé, y él también lo sabe, que no podemos darnos, aún, lo mejor de nosotros mismos. Aunque más inteligente que la mayoría de nosotros, Juan es todavía, en algunos aspectos, demasiado simple. Es... Juan Raro. Yo soy más joven, pero me siento mayor que él. Estos años que he pasado a su lado, en la isla, han sido muy hermosos. Tal vez dentro de cinco años... Pero, naturalmente, como moriremos pronto, no esperaré mucho. Si el árbol ha de ser destruido, recogeremos los frutos antes que maduren.

Después de escribir y revisar este informe, advierto que no expresa, de ningún modo, el espíritu de aquella comunidad. Me es imposible describir concretamente la extraña combinación de ligereza y pasión, de demencia y sobrehumana cordura, de sentido comun y fantastica extravagancia que caracterizaba a los habitantes de la isla.

Pasare a narrar, por lo tanto, los hechos que condujeron a la destrucci6n de la colonia y ala muerte de todos sus miembros.

21

EL PRINCIPIO DEL FIN

Me encontraba en la isla desde hacía cuatro meses, cuando nos descubrió una nave inglesa. Supimos enseguida, por medios telepáticos, que se acercaría a nosotros, pues estaba estudiando las condiciones oceánicas del sudeste del Pacífico. Sabíamos también que contaba con una brújula giroscópica y sería difícil desviarla.

Esa nave, el Viking, investigó el océano durante varias semanas. Después de innumerables zigzags, se acercó a la isla. Sus oficiales se asombraron. Entre la brújula magnética y la giroscópica, había una discrepancia evidente, pero la nave conservó su rumbo y llegó a pasar a treinta kilómetros de la isla, aunque de noche.

¿Pasaría sin vernos en la próxima bordada? ¡No! Se acercó por el sudoeste y nos avistó a popa. El resultado fue inesperado. Como ninguna isla tenía nada que hacer allí los oficiales concluyeron que la brújula giroscópica funcionaba mal, aunque la observación del sol parecía confirmar sus indicaciones. La isla, pensaron, debía de formar parte del grupo de Tuamotu, y el Viking se alejó de nosotros. Tsomotre, nuestro principal telépata, informó que la oficialidad se sentía como perdida en la noche.

Un mes después, la nave volvió a avistarnos. Esta vez cambió de rumbo y puso proa a la isla. Vimos cómo se acercaba, pequeña como un juguete, de casco blanco y chimenea oscura. Cabeceando y balanceándose, fue aumentando de tamaño. Cuando estuvo a unos pocos kilómetros, dio una vuelta alrededor de la isla. Se acercó uno o dos kilómetros más y describió otro círculo, usando la sondaleza. Echaron el ancla y bajaron una lancha de motor. La lancha se alejó del Viking, y recorrió la costa hasta encontrar la entrada del puerto. Un oficial y tres hombres descendieron a tierra y avanzaron entre las malezas.

Esperábamos todavía que se limitaran a un examen superficial, y regresaran al barco. Entre los dos puertos y en la misma costa había unos densos matorrales que harían titubear a cualquier curioso. Una cortina de vegetación, colgada de una cuerda, ocultaba la entrada del puerto interior.

Los invasores caminaron un rato por la playa y al fin se volvieron. De pronto, uno se detuvo y recogió algo. Juan, que estaba detrás de mí, espiando los movimientos y las mentes de los cuatro hombres, exclamó:

—¡Dios mío! Ha encontrado una de tus malditas colillas. De un salto me puse de pie, gritando horrorizado:

—Entonces es preciso que me encuentre a mí.

Bajé por la colina, dando gritos. Los hombres se volvieron y me esperaron con la boca abierta. Sin aliento, improvisé una historia. Era el único sobreviviente de un naufragio. Había fumado ese día mi último cigarrillo. Al principio me creyeron. Las preguntas empezaron cuando nos dirigíamos al Viking. Interpreté mi papel con bastante corrección, pero al llegar a la nave ya sospechaban. Aunque superficialmente sucio a causa de la corrida, estaba bastante presentable. Tenía el cabello corto, la cara afeitada y las uñas cortas y limpias. Cuando el Comandante del barco comenzó a interrogarme, me lié, y al fin, desesperado, confesé la verdad. Por supuesto, creyeron que estaba loco. El Comandante resolvió, sin embargo, examinar la isla.

Fingí entonces una completa idiotez, con la esperanza de que no encontraran nada. Pronto descubrieron, sin embargo, la cortina vegetal. La lancha entró en el puerto interior, y apareció la colonia. Los isleños habían decidido que era inútil ocultarse, y estaban de pie en el muelle, esperándonos. Juan se adelantó a recibirnos. Era una figura extraña, pero imponente, con su pelo de un blanco deslumbrante, sus ojos de bestia nocturna y su cuerpo delgado. Detrás de él, esperaban los otros: un grupo de muchachos y muchachas desnudos de enormes cabezas. Uno de los oficiales exclamó:

—¡Jesucristo! ¡Qué troupe!

Llevamos a los oficiales a la terraza de la casa de comidas, y les ofrecimos nuestro mejor chablis. Juan les habló largo rato de la colonia, y aunque, por supuesto, no podían comprender el sentido de la aventura, y se mostraban franca, pero amablemente incrédulos ante la idea de una «nueva especie», escucharon con simpatía. Apreciaban el aspecto deportivo del asunto. Les sorprendió que yo, la única persona normal y adulta de esa isla de monstruos juveniles, tuviese en la colonia tan poca importancia.

Juan los llevó a la fábrica de energía, en la que no creyeron, y al ver el Skid, que los impresionó sobremanera, les pareció una mezcla de barco y pesadilla. Visitaron luego los otros edificios. Juan, observé sorprendido, parecía ansioso por mostrarlo todo, y en ningún momento le pidió al Comandante que no hablara de la isla. Pero su actitud era intencionada. Concluidas las visitas, convenció al Comandante de que permitiera a los hombres bajar a tierra y beber algo. Pasó así otra media hora. Juan, Lo y Marianne conversaban con los oficiales; otros isleños con el resto de los hombres. Cuando llegó el momento de despedirse, el Comandante aseguró a Juan que haría un extenso informe y alabaría a los colonos.

La lancha partió. Algunos de los jóvenes sonreían abiertamente. Juan explicó que los visitantes, sometidos en la isla a un adecuado tratamiento psicológico, tendrían al llegar al Viking un oscuro recuerdo de la isla. No podrían redactar un informe plausible, ni siquiera relatar la aventura.

—Pero —agregó Juan— éste es el principio del fin. El tratamiento no ha sido completo, ni ha alcanzado a todos los tripulantes. Algo se sabrá y despertará la curiosidad de tu especie.

Durante tres meses, la vida en la isla siguió su curso. Pero era una vida distinta. La certeza del fin próximo dio a las relaciones personales y a la actividad social una intensidad mayor. Los isleños sintieron por la colonia un amor nuevo y apasionado, una especie de exaltado patriotismo, como el que debieron sentir las ciudades griegas con el enemigo a sus puertas. Pero era un patriotismo curiosamente libre de odios. No se pensaba que aquel desastre inminente fuese obra de enemigos humanos, sino una catástrofe natural, como un terremoto, por ejemplo.

El programa de actividades cambió considerablemente. Los trabajos que no pudieran concluirse en un plazo de pocos meses fueron abandonados. Ciertas tareas, de orden superior, debían realizarse antes del fin. La colonia tenía, me recordaron, dos fines importantes: ayudar a construir el mundo y desarrollar un culto inteligente.

La actividad práctica había creado algo hermoso, aunque efímero, un microcosmos, un mundo en pequeño. Pero el intento más ambicioso de esta actividad, la creación de una nueva especie, no podría realizarse. Debían concentrarse, por lo tanto, en el segundo objetivo: una concepción del universo precisa y apasionada, y una exaltación de los valores supremos. Con ayuda de Langatse podrían realizar en este aspecto algo definido. Aunque la meta parecía lejana, algunos de los colonos ya la había vislumbrado. La experiencia práctica y una activa conciencia del destino les permitirían, me dijeron, ofrecer al espíritu universal, en un plazo de pocos meses, un don precioso y raro, que ni el mismo Langatse, solo e impedido, podía concebir.

La urgencia y las dificultades de esta tarea obligaron a abandonar toda otra actividad. El trabajo quedó reducido a lo imprescindible —el campo y la pesca—, y se aumentaron las horas de descanso. Los colonos se bañaban a menudo en el puerto libre de tiburones; se hacían el amor; había bailes, música, poesía y pintura. Estas artes me resultaban casi incomprensibles, pero me pareció que el sentimiento de la fatalidad había agudizado la sensibilidad de los colonos. En lo que concierne a las relaciones personales, la inminente destrucción del grupo tuvo como consecuencia un aumento de la vida social. La soledad había perdido su encanto.

Una noche, Chargut, el vigía telepático del puerto, informó que un crucero británico estaba buscando una isla misteriosa. Ésta había arruinado, de algún modo, la salud mental de los tripulantes del Viking.

Una semana después, el barco entró en la zona de nuestro desviador; pero mantuvo sin dificultades el rumbo. Se esperaba una alteración de la aguja magnética, y se confió solamente en el compás giroscópico. Luego de algunos tanteos, la nave llegó a la isla. Los isleños no trataron esta vez de esconderse. Observamos, desde una ladera, cómo la nave gris echaba el ancla. Un bote se destacó de la nave. Cuando estuvo bastante cerca, le señalamos la entrada del puerto.

Juan recibió a los visitantes en el muelle. El Teniente, de uniforme blanco y cuello duro, parecía querer representar, con sus aires de dignidad, a toda la marina inglesa. La presencia de mujeres blancas desnudas destruyó su equilibrio, y acrecentó todavía más su altivez. Sin embargo, los refrescos tomados en la terraza, unidos a un tratamiento psicológico, dieron como resultado una atmósfera más cordial. Volvió a impresionarme la astucia de Juan, que había guardado para la ocasión un buen vino y cigarros.

No me es posible aquí, por razones de espacio, describir minuciosamente este segundo encuentro con el Homo Sapiens. Hubo, por desgracia, muchas idas y venidas entre el crucero y la isla, y no se pudo hipnotizar profundamente a todos los hombres. Se logró bastante, sin embargo, y la visita del Comandante, simpático marino, fue particularmente satisfactoria. Juan descubrió enseguida que era un hombre de imaginación y coraje que no concedía a la visita un particular interés. En esto se diferenciaba notablemente de los otros invasores. Como el tratamiento psicológico aplicado a los marinos había sido superficial, Juan decidió que no valía la pena sugestionar al Comandante. Era preferible despertar en él cierto interés por la colonia.

El Comandante era uno de esos marinos excepcionales que se pasan la mayor parte del tiempo leyendo. Sus ideas podían, quizá, llegar a convertirlo en un defensor de la aventura. No era, por cierto, de una inteligencia brillante, pero sabía algo de ciencia y filosofía, y su sentido de los valores, aunque poco desarrollado, era bastante fino.

El crucero permaneció algunos días en la isla, y el Comandante pasó gran parte del tiempo en tierra. Su primer acto oficial fue anexar la isla al Imperio

Británico. Me recordó la costumbre de gorriones y otros pájaros que se anexan jardines y huertas sin pensar en las intenciones de los hombres. Pero en este caso, ¡ay!, el gorrión representaba a una gran potencia. Era en verdad el poder de la selva que invadía un minúsculo jardín de verdaderos seres humanos.

Sólo el Comandante pudo llevarse de la isla un recuerdo personal y claro. A los demás visitantes se les inculcó una imagen agradable de la isla, de acuerdo con sus temperamentos. Algunos, naturalmente, eran impermeables a esa clase de sugerencias; pero la mayor parte quedó bien impresionada. Se los incitó sutilmente a que considerasen la colonia, por lo menos, como una aventura romántica. La mayor parte de los hombres, como es natural, no aceptó siquiera esa idea; pero en uno o dos casos se logró que las mentes, rudimentarias o atrofiadas, desarrollasen una insólita actividad.

Cuando al fin los visitantes debieron abandonar la isla, advertí que su comportamiento había cambiado. Había menos formalidad, menos distancia entre oficiales y marineros. La disciplina era menos estricta. Noté asimismo que algunos que en un principio habían mirado a las mujeres con desaprobación o concupiscencia, o de ambos modos, se despedían de ellas con cortesía, y hasta apreciando su extraña hermosura. Vi también en los rostros de los más sensibles cierta ansiedad, como si en su interior no se sintieran cómodos. El Comandante estaba pálido. Al estrechar la mano de Juan, murmuró:

—Haré lo posible, pero no tengo esperanzas.

El crucero partió. Seguimos los sucesos de a bordo con gran interés. Tsomotre, Chargut y Lankor informaron que en algunos hombres los recuerdos de la isla se borraban rápidamente. Los otros se sentían muy perturbados, y el contraste entre la isla y la nave destruía todo sentido del patriotismo y la disciplina. Dos se habían suicidado. Una especie de pánico se extendía por el navío. Algunos creían que la locura estaba infectando a todos. Salvo el Comandante, los que habían visitado la isla con cierta frecuencia sólo tenían unos recuerdos vagos e inverosímiles. Aquellos que habían escapado al tratamiento estaban también confundidos, pero recordaban bastante como para ser peligrosos. El Comandante se había dirigido a la tripulación ordenando —implorando— que nadie hablase en tierra de las últimas experiencias. Él, naturalmente, elevaría un informe al Almirantazgo; pero no debía olvidarse que el asunto era un secreto oficial. Difundir historias increíbles sólo serviría para confundir las cosas, y haría la desgracia de la nave. Íntimamente, como es natural, se proponía redactar un informe inofensivo y descolorido.

Semanas después, los telépatas recogieron unas historias fantásticas. Un diario extranjero había hablado de «una colonia de niños, inmorales y comunistas, en una isla británica del Pacífico». Los Servicios Secretos de varias naciones investigaban la noticia para utilizarla diplomáticamente. El Almirantazgo británico llevaba a cabo una encuesta secreta. El Comandante del crucero había sido destituido por presentar un informe falso. El Gobierno soviético había reunido una numerosa documentación y quería molestar a Inglaterra enviando una expedición a la isla. El Gobierno británico se había enterado de este proyecto y haría evacuar la isla inmediatamente.

Supimos también que el mundo, en general, aún no se había enterado de la historia. La prensa británica tenía orden de no mencionar el asunto. La prensa extranjera, por su parte, no había recogido el rumor.

La visita del segundo crucero terminó aproximadamente como la otra; pero en un momento hubo que recurrir a medidas desesperadas. El segundo Comandante había sido elegido, quizá, por su carácter intransigente. En realidad, era una especie de tirano. Además, sus instrucciones eran precisas, y sólo tenía una idea: hacerlas cumplir.

Envió a tierra una lancha con un Teniente. Los isleños tenían cinco horas para preparar los equipajes y subir a bordo. El Teniente volvió al barco con un ataque de nervios, e informó que las instrucciones no se habían cumplido. El Comandante mismo bajó entonces a tierra con un destacamento armado. Rechazó toda invitación, y anunció que los isleños debían embarcar enseguida.

Juan pidió explicaciones y trató de arrastrar al hombre a una conversación normal. Señaló que la mayor parte de los colonos no eran súbditos británicos, y que no molestaban a nadie. Todo fue inútil. El Comandante era algo sádico, y las desnudas carnes femeninas lo habían exasperado. Ordenó el arresto de todos los colonos.

Juan habló entonces con una voz solemne.

—No dejaremos vivos en la isla. Todos los que usted toque, caerán muertos.

El Comandante se rió. Dos marineros se acercaron a Chargut, que estaba más cerca. El tibetano miró a Juan, y cuando los marineros lo tocaron, cayó al suelo. Los marineros examinaron a Chargut. No mostraba signos de vida.

El Comandante, visiblemente confundido, no supo qué decir. Se puso tieso, y repitió la orden. Juan dijo:

—¡Tenga cuidado! ¿No ve que está ante algo que no puede entender? No tomarán a ninguno vivo.

Los marineros titubearon. El Comandante gritó:

—¡Obedezcan las órdenes! Comiencen con una muchacha, para mayor seguridad. Los hombres se acercaron a Sigrid. Ésta se volvió hacia Juan, con una sonrisa, y extendió hacia atrás la mano para tocar a Kargis, su compañero. Uno de los marineros le puso tímidamente una mano en el hombro. Sigrid cayó hacia atrás, en brazos de Kargis.

El Comandante, trastornado, observó que los marineros estaban a punto de insubordinarse. Trató de razonar con Juan, asegurándole que los colonos serían tratados con toda corrección. Juan se limitó a sacudir la cabeza. Kargis se había sentado en el suelo, con el cuerpo de la muchacha en los brazos. Luego de contemplar un momento a Sigrid, el Comandante dijo:

—Consultaré el caso con el Almirantazgo. Mientras tanto pueden quedarse aquí. Volvió con sus hombres al bote. El crucero se alejó.

Los isleños colocaron los cadáveres en la roca de la playa. Durante unos instantes, de pie, inmóviles, guardamos silencio. Las gaviotas pasaban chillando. Una de las muchachas hindúes, que había tenido relaciones con Chargut, se desmayó. Kargis, en cambio, no parecía triste. La expresión desolada que había tenido su rostro cuando Sigrid cayó muerta, había desaparecido. Aquellos espíritus supernormales no sucumbían durante mucho tiempo a una emoción inútil. Durante algunos segundos, el joven miró fijamente a Sigrid. De pronto se echó a reír. Su risa se parecía a la de Juan. Se inclinó, besó dulcemente los labios de Sigrid, con una sonrisa, y se hizo a un lado. Juan miró los cadáveres. Se alzó una llamarada, y los cadáveres se consumieron.

Días después le pregunté a Juan si los isleños no podían llegar a un acuerdo conGran Bretaña. La colonia, sin duda, sería disuelta; pero sus miembros podrían volver a sus respectivos países, e iniciar una vida larga y fecunda. Juan sacudió la cabeza y replicó:

—No puedo explicártelo. Podría decirte que somos ahora un solo cuerpo. Si nos separásemos, no podríamos vivir. Y aunque hiciésemos como tú dices, y volviésemos al mundo de tu especie, nos espiarían, nos vigilarían, nos perseguirían. Nuestros mismos ideales nos invitan a morir. Pero aún no estamos preparados. Retardaremos un poco el fin para poder concluir nuestra tarea.

Poco después de la segunda visita, ocurrió algo, y comprendí mejor a los colonos. Ng-Gunko, desde hacía algún tiempo, trabajaba secretamente. Tenía el amor propio y la afición al misterio de todos los niños. Luego, un día, con una sonrisa de orgullo y satisfacción, convocó a los colonos. Habló telepáticamente, y las discusiones que siguieron fueron también telepáticas. Mi relato se basa en lo que más tarde me contaron Juan, Shen Kuo y otros.

Ng-Gunko había inventado un arma que, aseguraba, impediría que el Homo Sapiens se acercase a la isla. El arma proyectaba un rayo destructor, derivado de la desintegración atómica, capaz de aniquilar un aeroplano o un buque de guerra que se encontrasen a menos de sesenta kilómetros. El proyector, ubicado en el más alto de los picos, podría dominar el horizonte. Los planos del arma estaban ya concluidos, pero su ejecución demandaría un gran trabajo, y el concurso de todos. Ciertas piezas de fundición y acero deberían encargarse secretamente en Japón o los Estados Unidos de América. Sin embargo, era posible fabricar armas similares, aunque más pequeñas, y montarlas en el avión y el Skid. De ese modo podría rechazarse cualquier ataque en los próximos meses.

Un cuidadoso examen demostró que el invento de Ng-Gunko podía ser eficaz. Se discutió entonces la construcción del arma. En ese momento, parece, intervino Shen Kuo aconsejando el abandono del proyecto. Señaló que absorbería todo el poder de la colonia, y que la misión espiritual debería postergarse.

—Cualquier resistencia —dijo— uniría a la especie inferior contra nosotros. No habría paz entonces mientras no conquistásemos el mundo. Esta conquista llevaría mucho tiempo. Somos jóvenes, y la guerra consumiría nuestros años más críticos. Y cuando concluyéramos esa matanza, ¿estaríamos aún capacitados para emprender nuestra verdadera tarea: la fundación de una nueva especie, la creación de un nuevo culto? No. Estaríamos arruinados, deformados, y de un modo irremediable. La violencia borraría para siempre la visión de nuestra meta. Si tuviésemos treinta años, quizá podríamos atravesar un largo período de guerras sin quedar empobrecidos, espiritualmente. Pero, dadas las circunstancias, será mejor renunciar al arma y continuar nuestra empresa espiritual.

Me bastó observar las caras de los isleños para advertir que vivían un angustioso conflicto. No era sólo una cuestión de vida o muerte. Estaba en juego un principio fundamental. Cuando Shen Kuo terminó su discurso, hubo un clamor de confusas protestas, verbalmente expresadas, pues todos estaban profundamente conmovidos. Se decidió enseguida postergar el problema para el día siguiente. Mientras tanto, se celebraría una reunión en la sala común. Se vería entonces si era posible un acuerdo y una solución justa. La reunión duró varias horas. Supe más tarde que todos, incluso Ng-Gunko y Juan, habían aceptado con satisfacción el punto de vista de Shen Kuo.

Pasaron las semanas. La observación telepática informó que entre los tripulantes del segundo crucero había varios casos de amnesia. El informe del Comandante era incoherente e inverosímil. Como el otro Comandante, cayó en desgracia. Las embajadas extranjeras, por medio de sus Servicios Secretos, trataron de investigar estos últimos incidentes. No llegaron a saberlo todo, pero obtuvieron algunos jirones de verdad, bordados de exageraciones fantásticas. Se dijo entonces que no podía tratarse, solamente, de un juego diplomático, o un extravío del Gobierno inglés. Había allí algo de sobrenatural, que superaba toda imaginación. Tres naves habían visitado la isla, y una increíble confusión mental había atacado a sus tripulantes. Los isleños, además de ser físicamente excéntricos, y de una moral perversa, debían de estar dotados de extraños poderes que, en otra época, hubieran sido llamados diabólicos.

De un modo vago y subconsciente, el Homo Sapiens empezó a comprender que su supremacía estaba amenazada.

El Comandante del segundo crucero había informado que los isleños eran de varias nacionalidades. El Gobierno británico no se sentía cómodo. Un paso en falso, y se lo acusaría de asesino de niños. Sin embargo, la situación debía resolverse con firmeza y rapidez, antes que los comunistas la aprovecharan. Se decidió entonces solicitar la cooperación de otras potencias.

Mientras tanto, una nave soviética había dejado Vladivostock y navegaba ya por los mares del Sur. La avistamos un atardecer. Era un buque mercante, de aspecto inofensivo. Echó anclas, y desplegó la bandera roja con insignia de oro.

El Capitán, un hombre canoso de blusa de campesino, con una mirada en la que parecían brillar todavía los reflejos de la guerra civil, nos traía un halagador mensaje de Moscú. Se nos invitaba a emigrar a Rusia. Allí podríamos administrar la colonia a nuestro gusto. Las potencias capitalistas, que odiaban nuestro comunismo y nuestras costumbres sexuales, no podrían atacarnos.

Mientras el Capitán nos dirigía este discurso, lentamente, pero en buen inglés, una mujer oficial intimaba con Sambo, que le examinaba las botas. La mujer sonreía y murmuraba algunas palabras de cariño. Cuando el Capitán dejó de hablar, Sambo miró a la mujer, y exclamó:

—Camarada, has errado el camino.

Los rusos quedaron desconcertados, pues Sambo parecía aún una criatura.

—Sí —dijo Juan, riendo—. Camaradas, habéis errado el camino. Somos como vosotros, comunistas; pero también otra cosa. Para vosotros el comunismo es el fin, para nosotros el comienzo. Para vosotros el grupo es lo más sagrado; para nosotros, sólo una trama formada por individuos. Admiramos, en muchos aspectos, las realizaciones de la Rusia nueva, pero si aceptáramos esta invitación pronto nos veríamos en un conflicto. No podemos someternos. Preferimos que la colonia sea destruida.

En ese momento, Juan comenzó a hablar en ruso, con gran rapidez, mirando a veces a sus compañeros, como en busca de apoyo. Los visitantes se sintieron otra vez desconcertados. Insinuaron algunas réplicas, y comenzaron a discutir.

Todos se dirigieron entonces a la terraza del refectorio. Se sirvieron bebidas a los visitantes y se les siguió el tratamiento. Como no comprendo el ruso, no sé qué se habló; pero los marinos estaban visiblemente excitados.

Mientras que algunos se entusiasmaban cada vez más, otros miraban a los isleños como seres peligrosos.

Cuando los rusos se retiraron, la confusión de sus mentes era casi total. Nuestros telépatas dijeron más tarde que el informe del Capitán había sido tan breve, contradictorio e increíble, que se lo destituyó enseguida por incapacidad mental.

Las noticias de la expedición rusa, y el anuncio de que había dejado a los colonos en posesión de la isla, confirmaron los peores temores de las otras potencias. Evidentemente, la isla era una avanzada comunista. Probablemente una base naval y aérea para atacar a Australia y Nueva Zelanda. El Ministerio de Relaciones Exteriores de Gran Bretaña redobló sus esfuerzos. Las potencias del Pacífico debían emprender una acción común.

Entre tanto, las historias incoherentes de la tripulación rusa habían causado cierto revuelo en el Kremlin. Se había decidido que cuando los isleños llegaran a Rusia, la prensa soviética publicaría la historia de su persecución por los británicos. Pero el asunto era tan misterioso que las autoridades no sabían qué pensar. Decidieron prohibir toda mención de la isla.

En ese momento, el Kremlin recibió una nota de protesta. El futuro de la isla, decía la nota, sólo concierne a Gran Bretaña. La respuesta rusa fue conciliatoria. Los comunistas deseaban formar parte de la nueva expedición. Amargamente, la Gran Bretaña tuvo que ceder.

Los isleños siguieron telepáticamente la pequeña flota. Los barcos venían de Asia y América y convergían hacia la isla. El punto de reunión era la Isla de Pitcairn. Días después, vimos en el horizonte una columna de humo, luego otra, y otra más. Así aparecieron seis barcos. Exhibían las banderas de Gran Bretaña, Francia, Estados Unidos de Norteamérica, Holanda, Japón y Rusia. En fin, «las potencias del Pacífico». Los barcos anclaron, y todos echaron al agua una lancha de motor, con la bandera nacional en la popa.

La flotilla de lanchas se reunió en el puerto. Juan recibió a los visitantes en el muelle. El Homo Superior recibió a la caterva del Homo Sapiens, y se vio enseguida que el Homo Superior era indudablemente el mejor. El proyecto era arrestar enseguida a todos los colonos, pero ocurrió un curioso tropiezo. El inglés, encargado de hablar, parecía haber olvidado su parte. Tartamudeó algunas palabras incoherentes, y se volvió pidiendo ayuda a su vecino francés. Siguió una discusión en voz baja, mientras los otros, visitantes rodeaban a la pareja. Los isleños, silenciosos, observaban a los hombres. El inglés volvió a adelantarse y se puso a hablar, casi sin aliento.

—En nombre de las potencias del Pacífi...

Se detuvo, frunciendo el ceño, con los ojos clavados en Juan. El francés dio entonces un paso adelante, pero Juan lo interrumpió:

—Caballeros —dijo señalando la terraza—. Vayamos a la sombra. Es evidente que el sol los afecta.

Se volvió, y echó a caminar. El pequeño rebaño lo siguió obedientemente.

En la terraza aparecieron vinos y cigarros. El francés iba a aceptar, cuando el japonés gritó:

—¡No tome nada! Puede ser veneno.

El francés retiró la mano y sonrió con aire de desaprobación a Marianne que estaba sirviendo unos refrescos. La muchacha dejó la bandeja en la mesa.

El británico, que había recobrado el habla, exclamó de un modo muy poco oficial:

—Hemos venido a arrestarlos. Se los tratará bien, por supuesto. Mejor será que empiecen a empacar enseguida.

Juan lo miró un rato en silencio, y al fin dijo amablemente:

—Me gustaría saber cuál es nuestro delito, y en nombre de quién habla usted.

El infortunado marino descubrió una vez más que no podía hablar coherentemente. Tartamudeó algo a propósito de las «potencias del Pacífico» y unos

«muchachos descarriados», y al fin se volvió, quejumbroso, hacia sus colegas. Lo que siguió fue la Torre de Babel. Todos hablaban y nadie entendía. Juan esperó un momento. Luego dijo:

—Mientras ustedes tratan de recobrar el habla, les hablaré de la colonia.

Juan relató toda la aventura. Advertí que apenas se refería a la rareza biológica de los isleños. Afirmó solamente que eran criaturas hipersensibles y monstruosas que deseaban vivir su propia vida. Opuso luego el estado trágico del mundo a la vida idílica de la isla. Era un hábil alegato, pero mucho menos importante en realidad que la influencia telepática que en ese mismo momento recibían los visitantes. Era evidente que algunos estaban emocionados. Un mundo luminoso e insólito se abría ante ellos. Observaron a Juan y a sus compañeros, y luego se miraron como por vez primera.

Cuando Juan dejó de hablar, el francés se sirvió vino. Pidió a los otros que también llenaran sus vasos y bebieran a la salud de la colonia, y pronunció un discurso breve, pero elocuente, declarando que reconocía en el espíritu de estos jóvenes algo realmente noble, algo, en verdad, casi francés. Si su Gobierno hubiese conocido la verdad de los hechos, no habría participado en esta expedición. Sugirió a sus colegas que abandonasen la isla y se comunicaran con sus Gobiernos.

El vino circuló y todos lo aceptaron, menos uno. El discurso de Juan no había conmovido al japonés. Quizá éste no había entendido. Quizá resistía más la influencia telepática que sus compañeros. Quizá la fuente principal de su oposición, me dijo Juan más tarde, fuese la presencia telepática de aquel terrible niño de las Hébridas.

El hombrecito se puso de pie y dijo:

—Caballeros, os han engañado. Este joven y sus amigos poseen poderes que se os escapan. Pero no a mí. Los he sentido. He luchado contra ellos. Advierto que no son jóvenes normales. Son demonios. Si los dejamos aquí, nos destruirán. Serán los dueños del mundo. Caballeros, debemos cumplir nuestras órdenes. En nombre de las potencias del Pacífico yo...

La confusión se apoderó del japonés. Juan dijo entonces, casi amenazante:

—Recuérdelo. Los que usted arreste, morirán.

El japonés, con el rostro lívido, completó su frase:

—...los arresto a todos.

Gritó una orden en japonés. Un grupo de marinos armados subió a la terraza. El Teniente se acercó a Juan, que lo miraba con diversión y desprecio. El hombre se detuvo. Nada ocurrió.

El representante japonés se adelantó para efectuar él mismo el arresto. Shahin le salió al paso y dijo:

—Arrésteme a mí primero.

El japonés lo tomó por un brazo. Shahin cayó. El japonés lo miró espantado, pasó por encima del cadáver, y se acercó a Juan. Los otros oficiales intervinieron y todos hablaron a la vez. Poco más tarde llegaban a un acuerdo. Los isleños serían dejados en paz. Los representantes del Homo Sapiens volverían a recibir órdenes.

A la mañana siguiente el barco ruso levó anclas y partió. Una tras otra, lo hicieron las otras naves.

22

EL FIN

Juan no creía que la colonia pudiera salvarse. Pero tres meses más, y los trabajos más importantes quedarían concluidos. Había que completar ante todo cierto informe científico dirigido a la especie común. Otro asombroso documento, redactado por Juan, contenía la historia del cosmos. No sé si sería una simple exposición de hechos, o una ficción poética. Todos estos escritos eran dactilografiados, clasificados y guardados en cajas. Había llegado la hora de mi partida.

—Si te quedas más tiempo —dijo Juan—, morirás con nosotros, y nuestros informes se perderán. Poco nos importa que se salven o no, pero es posible que los miembros más esclarecidos de tu especie encuentren en ellos algo de interés. Será mejor que no los publiques por ahora. Espera a que los Gobiernos nos olviden. Mientras tanto, si quieres, puedes redactar la famosa biografía. Como obra de ficción, naturalmente, pues nadie creerá en ella.

Un día Tsomotre informó que ciertos Gobiernos que no nombraré estaban equipando a un grupo de voluntarios para destruirnos.

Las cajas de documentos se cargaron en el Skid junto con mis maletas. Toda la colonia fue a despedirme al muelle. Les di la mano a todos, y Lo me besó.

—Todos te queremos, Fido —me dijo la muchacha—. Si ellos fueran como tú, de la familia, no habría problemas. Recuerda, cuando escribas tu historia, que todos te quisimos.

Sambo, cuando le llegó el turno, se lanzó de los brazos de Ng-Gunko a los míos.

—Me iría contigo —me dijo— si no me sintiese tan atado a esta pandilla de snobs.

Las últimas palabras de Juan fueron éstas:

—Sí, di en tu biografía que te he querido mucho. No pude contestar.

Kemi y Marianne, a cargo del Skid, retiraban ya las amarras. Salimos del puerto y ganamos velocidad. La doble pirámide de la isla fue empequeñeciéndose hasta ser una nube en el horizonte.

El Skid me llevó a una isla francesa sin importancia donde no había residentes europeos. Descargamos de noche los equipajes en el chinchorro, y los llevamos a una playa desierta. Nos despedimos, y el Skid y sus tripulantes se perdieron en la oscuridad. Al amanecer fui en busca de los nativos e inicié los trámites para volver a la civilización. ¿A la civilización? No. La había dejado para siempre.

Sé muy poco del fin de la colonia. Durante algunas semanas vagué por los Mares del Sur en busca de noticias. Encontré al fin a uno de los «voluntarios». El hombre no quería hablar. No sólo porque arriesgaba la vida, sino también, indudablemente, porque todo aquello le había afectado los nervios. Al fin el alcohol y el soborno le aflojaron la lengua.

Se había advertido a los asesinos que no corrieran riesgos. El enemigo, a pesar de su aspecto, era diabólicamente astuto. Las ametralladoras podían ser útiles. Era mejor no parlamentar.

Un grupo de invasores, numeroso y bien armado, desembarcó en las afueras del puerto y avanzó entre las malezas. Los isleños comprendieron enseguida que no era posible recurrir a la hipnosis. Hubiese sido fácil, probablemente, destruirlos con la desintegración atómica, tan pronto como desembarcaron. Pero Juan decía, recuerdo, que los átomos de los cuerpos vivos se desintegraban con más dificultad que los átomos de los cadáveres. Aparentemente, no se intentó utilizar este método. Juan ideó, parece, una defensa más sutil, pues, según mis informantes, sintieron de pronto que «el lugar estaba habitado por demonios». Un terror indescriptible se apoderó de ellos. Les temblaban los miembros y se les erizaban las carnes. Todo esto era peor por producirse a la luz del día; el sol alumbraba pesadamente desde lo alto. Los supernormales hacían sentir sin duda su presencia de algún modo misterioso y terrible. Los invasores avanzaron titubeando por entre los matorrales, pero cuanto más se internaban en la isla, más crecía la sensación de una presencia todopoderosa. Al mismo tiempo, comenzaron a desconfiar de sus propios cómplices. Los hombres miraban de reojo a sus vecinos, con odio y miedo, y al fin se abalanzaron unos contra otros y se pelearon con cuchillos, armas de fuego, dientes y uñas. La lucha sólo duró unos minutos; pero muchos murieron, y otros quedaron malheridos. Los sobrevivientes volvieron corriendo a los botes.

El barco esperó dos días en la isla mientras los marinos discutían violentamente. Algunos querían abandonar la aventura; pero otros afirmaban que volver con las manos vacías significaba una muerte cierta. Se les había expresado, claramente, que el éxito sería recompensado con largueza, pero el fracaso sería castigado sin piedad. No les quedaba otro recurso que intentar un nuevo ataque. Se organizó otro grupo de desembarco, fortalecido con grandes dosis de ron. El resultado no fue muy distinto, pero aquella influencia siniestra no afectó tanto a los más ebrios.

Durante tres días juntaron valor para otro desembarco. En la ladera de la montaña se veían los cadáveres. ¿Cuántos se unirían aún a ese macabro grupo? Los hombres se emborracharon de tal modo que apenas podían remar. Llevaron un barrilito, y se animaron con gritos y cantos. Ya en la isla volvieron a sentir aquella presencia, y tomaron un poco más de ron. Trastabillando, apretándose unos contra otros, dejando caer las armas, tropezando con plantas y raíces, subieron la colina. El puerto y los edificios aparecieron en la hondonada. Se lanzaron torpemente barranca abajo. Uno de los hombres descargó accidentalmente la pistola en su propio muslo, y cayó dando gritos. Los otros no se detuvieron.

Los supernormales se habían reunido ante la fábrica de energía. Los asaltantes se reagruparon tímidamente. Los efectos del ron estaban desapareciendo, y a la vista de esos seres extraños, inmóviles, de grandes ojos fijos, los verdugos perdieron la cabeza. Huyeron rápidamente.

Durante algunos días siguieron discutiendo en el barco. No se atrevían ni a desembarcar ni a partir.

Una tarde vieron sorprendidos que una enorme nube de fuego se elevaba por detrás de la montaña, iluminando la isla y el mar. Se oyó enseguida un trueno sordo, y un eco que venía desde lo alto, como en una tormenta. La llama se empequeñeció hasta morir, pero sobrevino un fenómeno todavía más alarmante. La isla empezó a hundirse en el mar. Las olas trepaban por las laderas. El ancla de la nave se soltó, el fondo del océano se hundía. La isla siguió sumergiéndose y el mar arrastró el barco hacia las copas de los árboles que asomaban aún en la superficie. Los dos picos de la isla desaparecieron también, y varias corrientes se unieron elevándose en una columna. Este cuerno líquido cayó deshaciéndose en montañas de agua que cubrieron la nave. Mástiles y aparejos fueron arrancados de cuajo, y se perdió media tripulación.

Este cataclismo ocurrió, parece, el 15 de diciembre de 1933. Pudo haber sido de naturaleza puramente física; pero, cuando me lo contaron, pensé otra cosa. Supuse que los isleños habían resistido a los invasores para ganar unos días y concluir su tarea. O llevarla, por lo menos, a la mayor altura posible. Me agrada pensar que cumplieron su propósito.

Pienso que decidieron entonces no esperar el fin, que no podía tardar. Junto con sus vidas destruirían sus obras. No podían permitir que su hogar, ni sus hermosos objetos, cayeran en manos de una raza subhumana. Volaron entonces, voluntariamente, la fábrica de energía, y destruyeron la colonia. Presumo, por otra parte, que esa poderosa conmoción debió sacudir los precarios fondos de la isla, provocando su hundimiento.

Luego de obtener esta información, volví a Inglaterra con mis preciosos papeles, preguntándome cómo le daría la noticia a Pax. No parecía probable que Juan se la hubiese comunicado. Llegué a puerto. Pax y el doctor me esperaban en el muelle. Bajé, y Pax me dijo enseguida.

—No es necesario que nos prepares. Lo sé todo. Juan me transmitió la escena. Vi la derrota de aquellos hombres, y luego muchos sucesos felices en la isla. Vi a Juan, que caminaba con Lo por la costa, al fin como enamorados. Vi también a todos los jóvenes reunidos en una sala, y oí que Juan decía que era hora de morir. Todos se pusieron de pie y salieron en grupos o parejas. Se reunieron ante una casa de piedra. Ng-Gunko entró con Sambo en los brazos. Hubo de pronto una luz enceguecedora, ruido, dolor, y luego nada.

FIN...

www.ingramcontent.com/pod-product-compliance
Lightning Source LLC
LaVergne TN
LVHW021946220826
846091LV00015B/4108